科學天地 509 World of Science

觀念地球科學 3
海洋・大氣

FOUNDATIONS OF
EARTH SCIENCE

6th Edition

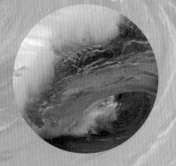

by Frederick K. Lutgens   Edward J. Tarbuck   Dennis Tasa

呂特根、塔布克／著   塔沙／繪圖   黃靜雅、蔡菁芳／譯

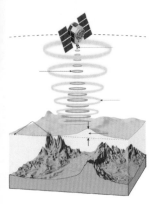

觀念地球科學 3 | 海洋‧大氣 |

目錄

Foundations
of
Earth Science
6th edition

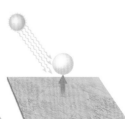
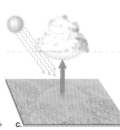

觀念地球科學

[Foundations of Earth Science 6th edition]

第四部
地球歷史解密

地質年代

學習焦點

留意以下的問題,
對掌握本章的重要觀念將相當有幫助:

1. 均變說的原理為何?它與災變論的差別為何?
2. 當地質學家解讀地球歷史時,使用了哪二種定年方法?
3. 建置相對年齡測定的基本定律、原理和技術為何?
4. 什麼是化石?在什麼情境下容易將生物保存成化石?
5. 不同區域裡但年代相似的岩層,
   如何應用化石來進行對比?
6. 什麼是放射性?
   放射性同位素如何應用在放射性定年法中?
7. 可靠的數值定年測定,為什麼不適合用在沉積岩樣本?

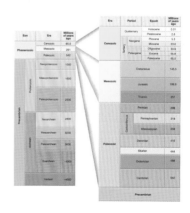

　　十八世紀時，地質學家赫頓（James Hutton, 1726-1797）體認到地球歷史的浩瀚，也曉得在影響所有地質歷程的元素中，時間非常重要。到了十九世紀，科學家已知道，地球歷經過許多造山與風化侵蝕事件，每一段都必須橫跨相當長的地質年代。雖然這些科學家都能理解地球的年代古老，但沒有任何工具可以檢測地球的實際年紀。地球是千萬年？上億年？還是數十億年了呢？不過，當時的科學家已經發展一套地質年代表，依據相對年齡測定的原理，把事件進行先後順序的排列。但這些定年原理為何？化石又扮演什麼角色？隨著放射性的發現，以及放射性定年法的發展，地質學家已經可以指認地球許多歷史事件發生的確切年代。什麼是放射性？為什麼它是檢定地質年代的好「時鐘」呢？本章將一一解答這些提問。

地質事件需要一個年代表

　　鮑威爾（John Wesley Powell, 1834-1902）是美國地質調查所副所長，他曾在 1869 年帶領一支先鋒隊進到科羅拉多河探險，並穿越大峽谷（圖 8.1）。[*]探險結束後，鮑威爾觀察下切河谷沿岸出露的岩層，寫道：「在這本用岩石為書頁寫下的《地質聖經》裡，大峽谷是《真相啟示錄》」。無庸置疑，大峽谷牆面露出的岩層，展現的數百萬年地球歷史，已經深深震攝住鮑威爾。

　　鮑威爾瞭解，解讀地球歷史的證據就封存在岩石之中，就像歷史課本裡悠遠又複雜的書頁，岩石記錄了過去各式地質事件和生物形態的改變。但這本書並不完整，許多記載早期歷史的書頁已經遺失，其他則是散落、

★《*Down the Great Unknown*》，由 Edward Dolnick 撰寫（HarperCollins, 2001），記錄了這趟引人入勝的旅程。

B.

A.

圖8.1 A. 探險隊出發的起點在綠河工作站（Green River station），本圖轉載自鮑威爾於1875年撰寫的書。
B. 鮑威爾的肖像，他是地質探險先鋒，曾擔任美國地質調查所的副所長。（Photo by U.S. Geological Survey, Denver）

破碎或沾上汙漬。不過還是有足夠的紀錄，足以敘述地球過去的歷史。

地質學的重要目標是詮釋地球的歷史。就像現代的偵探，地質學家必須解讀保存在岩石中的線索，藉由研究這些岩石，尤其是沉積岩和其包含的特徵，地質學家可以揭開過去複雜的歷史。

地質事件本身沒有太多意義，但若放入時間序列之中，就會顯見其意涵。不論是研究美國南北戰爭，還是研究恐龍時代，都需要年代表的輔佐。地質學家發展出一套名為地質年代表的年曆，用來理解地球悠遠的歷史。

發展出地質年代表的地質學家，已徹底改變人們思考時間的方式，以及對地球的認知。人們瞭解到，地球歷史已超越任何前人的想像，在與今日相似的地質過程作用下，地球的地貌和內部已經一而再，再而三的改變。

關於地質學發展的幾點歷史注記

　　地球的組成物質與相關作用的本質，一直是幾個世紀以來的研究焦點，但直到十八世紀晚期，現代地質學才算萌芽。赫頓在這個時期出版了一本重要的著作，書名為《地球理論》（*Theory of the Earth*）。在此之前，許多地球歷史多半以超自然事件來解釋。

▶ 災變論

　　十七世紀中期，英國國教派的樞機主教，也是愛爾蘭的大主教尤薛爾（James Ussher, 1581-1656），曾發表一篇著作，立即造成深遠的影響。尤薛爾是備受敬重的聖經學者，他建構了一套人類與地球歷史的年代表，認定地球年齡只有數千年，約在西元前 4004 年形成。當時歐洲的科學家和宗教領袖都廣為接受尤薛爾的論點，還隨即將他的年代表印在聖經書頁的邊緣空白處。

　　在十七世紀至十八世紀之間，災變論的論點強烈影響人們對地球形成方式的思考。簡單的說，災變論者認為地球多元的樣貌，源於大型的災難。以高山和峽谷為例，現在已知要歷經相當長的時間才能形成，但當時則解讀為不知原因的大型天災，在極短時間內形塑地貌，而這樣的天災已不復存在。這樣的思考哲學，為的是在前述短暫的地球歷史框架中，找出各式地球作用的適當速率。

現代地質學的源起

　　赫頓是蘇格蘭的物理學家和鄉紳，在十八世紀末期出版了《地球理論》，奠定了今日地質學的重要基石，稱為均變說，指稱現今運作的各式物理、化學和生物機制或定律，也曾經在過去的地質年代中作用過。換句話說，我們現今在地球上觀察到的各種作用力和歷程，已經運行了好長一段時間。因此，若想要瞭解古代的岩石故事，首先要理解今日的成岩作用與結果，意即：「現在是瞭解過去的關鍵」。

　　在赫頓出版《地球理論》之前，沒有人能成功展示這麼悠遠歷史中的地質歷程。但是赫頓強調，即便是微小而緩慢的作用力，在長時間的累積下，還是能刻畫出驟然災難事件所形塑的大型地景。與其他科學前輩不一樣的是，赫頓列舉出相當可靠的觀察，來佐證他的論點。

　　舉例來說，當赫頓辨證風化作用及流水切割的力量，形塑及最終破壞了山脈地貌，而這些作用下形成的碎屑又運送到海洋裡，這其中的歷程都是可觀察到時，他表示：「我們有一連串的事實，可以清楚展現山脈因侵蝕而產生的碎屑，經由河流運送至各處」，又說：「在這些地質歷程裡，沒有任何一個步驟沒辦法被察覺。」接下來他用一個提問和立即的答案，來總結這些想法：「我們還需要什麼？除了時間，別無他物。」

今日的地質學

　　今日均變說的基本準則，仍然與赫頓時期一樣。我們現在更加明白，今日種種的現況，讓我們瞭解過去，而且那些主導地質歷程的物理、化學和生物定律，隨時間流逝仍然維持不變。但我們也理解，學說與原理是不該照字面解釋的，所謂過去的地質歷程與今日相同，並不是表示這些作用

你知道嗎？

早期定義地球年齡的各種努力，最後都證實不可信。
其中有一種方法論述，如果可以得知沉積的速率，還有地球上沉積岩的厚度，兩者相除，就能反推地球的年紀。
但這個方法其實困難重重。你能想出有哪些困難嗎？

力都有一樣的相對重要性，或是以一模一樣的速率運作。此外，部分重要的地質歷程，今日已不復見，但曾經發生的證據卻已完整建構。舉例來說，我們確知地球曾歷經大型的隕石撞擊，即使沒有人親眼目睹。這些事件改變了地貌、修正了氣候，還大幅影響了地球上的生物發展。

接受了均變說的概念，就代表接受地球有悠遠的歷史。雖然各式地質歷程的強度不一，但都需要相當長的時間來形塑或破壞主要的地景特徵。以現今美國明尼蘇達州、威斯康辛州、密西根州和加拿大曼尼托巴省（Manitoba）為例，地質學家已經證實，這裡曾有大片山區，但侵蝕作用（這個過程降低了地表）逐漸破壞這些山峰，今日只剩下低矮的丘陵及平原。據估算，北美洲大陸地表降低的速率，每一千年約降低 3 公分，若依照這樣的侵蝕速率，3,000 公尺高的山峰，在流水、冰雪和風力作用下，約需耗時一億年才能侵蝕殆盡。

即使是這樣的時間跨距，相較於地球的歷史仍然算短，因為根據岩石的紀錄，地球已歷經造山運動與侵蝕作用的多次循環。在浩瀚的地質年代史中，地球一直處在變動中，因此赫頓在一篇經典論文中講述了一句名言：「探究今日世界形塑的結果，我們找不到起點，也看不見終點。」這篇論文收錄在 1788 年出版的《愛丁堡皇家科學院期刊》。

即使在人類有生之年能進行觀察的數十年間，許多實質環境的特徵看

似沒有任何變化，但若從地球數百年、數千年，甚至上百萬年的時間尺度來看，地貌從未停止改變，這是非常重要的原理。

 # 相對年齡測定的關鍵原理

　　發展出地質年代表的地質學家，已徹底推翻人們原本對時間的看法，以及對地球的理解。他們體認到地球遠比想像中的古老，而在與今日相似的地質作用之下，地球的地貌及內部已經一次又一次的改變了。

　　在十八世紀末至十九世紀初，曾出現各種試圖算出地球年齡的嘗試，雖然其中有些方法隨時代變遷而改進，但仍沒有一個方法可以提出可靠的數字。這些科學家試圖找出的，是實際的數值定年，這個定年法可以定出某事件發生的確切年份。現在，近代放射性定年法的發展，已經能從許多岩石證據中，確認重大事件在地球遙長歷史裡發生的年份，稍後本章將繼續介紹放射性定年法。在這套方法發展前，地質學家沒有正確可靠的方法可以測定確切的年份數字，只能依賴相對年齡測定法。

　　相對年齡測定是指，岩石的位置依生成序列（sequence of formation）來出現，從第一層、第二層、第三層等依次排列。相對年齡測定法不能辨識某事件在多久之前發生，只能辨識順序，但這個方法的發展仍然很有價值，至今仍廣泛應用。數值定年測定的發展，並不會取代相對年齡測定，最多只是補充相對年齡測定的不足。為了建立相對年代表，必須遵守一些簡單的原理或法則，即使這些法則在今日看來是理所當然的觀點，在當時卻是極大的思維突破，因此當初的發現及獲得的認同，是很重要的科學成就。

疊積定律

史坦諾（Nicolaus Steno, 1638-1686），是丹麥的解剖學家、地質學家，也是一位神父，據信是第一位利用露出的沉積岩層，指認出歷史事件的前後序列。當時史坦諾在義大利西部山區工作，他運用的一個非常簡單的規則，爾後成為了相對年齡測定的基本原理，稱為疊積定律。這個定律只有簡單的描述：在未經變形的沉積岩層序列中，任何一層岩層的年齡，都比覆蓋其上的岩層古老，比自身底下的岩層年輕。新岩層下方除非有舊的岩層支撐，否則不可能沉積疊加，這雖然是顯而易見的道理，但這項原理直到 1669 年，才由史坦諾清楚陳述出來。

這項原理也可應用在其他的地表沉積物，如火山噴發的熔岩流及火山灰層。若把疊積定律應用在美國大峽谷上部外露的岩層（圖 8.2），你可以很容易的辨認出岩層生成的順序，依據圖面所示，蘇派岩群（Supai Group）一定是最古老的沉積岩，再來依次是赫密特頁岩（Hermit Group）、科科尼諾砂岩（Coconino Sandstone）、托羅威波層（Toroweap Formation）及開巴布石灰岩（Kaibab Limestone）。

原始水平定律

史坦諾還提出原始水平定律，聲明大多數的沉積層都是以水平狀態沉積。因此，如果觀察到岩層是平的，代表未受外力干擾，還保有原始的水平樣態，如圖 8.2 的大峽谷所示。但如果岩層因外力形成褶皺（請參閱第 2 冊的圖 6.27 和圖 6.28），或傾斜成陡峭的角度，一定是岩層形成後，受到地殼擠壓碰撞等外力干擾所致。

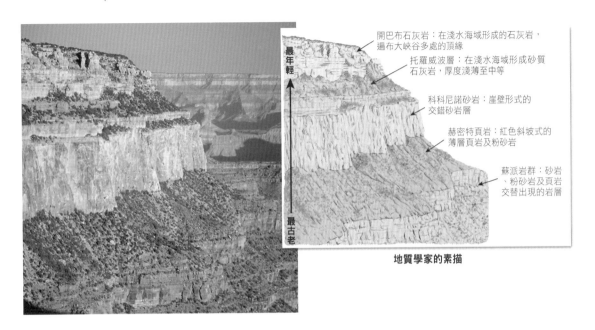

開巴布石灰岩：在淺水海域形成的石灰岩，
遍布大峽谷多處的頂緣

托羅威波層：在淺水海域形成砂質
石灰岩，厚度淺薄至中等

科科尼諾砂岩：崖壁形式的
交錯砂岩層

赫密特頁岩：紅色斜坡式的
薄層頁岩及粉砂岩

蘇派岩群：砂岩
、粉砂岩及頁岩
交替出現的岩層

最年輕

最古老

地質學家的素描

圖8.2　運用疊積定律來判定大峽谷上方出露的岩層年代，蘇派岩群的年代最古老，
開巴布石灰岩最年輕。（Photo by E. J. Tarbuck）

橫割關係定律

　　當斷層切穿不同的岩層，或是岩漿入侵後結晶成岩，我們可以假設斷
層或侵入岩體的形成年代，晚於被切穿的沉積岩。以圖 8.3 為例，這些斷層
和岩脈很明顯是在沉積岩層沉積完成之後才出現。

　　這就是橫割關係定律。根據這個定律，圖 8.3 的斷層 A 是在砂岩層沉積
之後發生，因為斷層 A 左右兩側的砂岩層已經錯動位移，但斷層 A 是在礫
岩沉積之前發生的，因為礫岩層沒有錯動。

圖8.3 橫割關係定律是相對年齡測定法中重要的原理。入侵岩體的年齡一定比被入侵的來得年輕。斷層一定比所切過的岩層年輕。

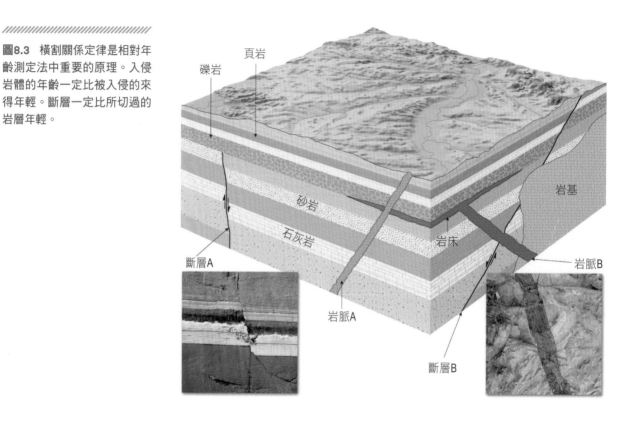

　　我們也可以看出岩脈 B 及其相連岩床的形成年代早於岩脈 A，因為岩脈 A 切穿了岩床。同理可證，岩基入侵的年代晚於斷層 B 發生之時，但早於岩脈 B，因為岩基切過斷層 B，而岩脈 B 又切過岩基。

▌包裹體

　　包裹體有時有助於相對年齡的鑑定。**包裹體**是指岩石單元的碎屑被包在另一個岩體裡。緊臨含有包裹體岩塊的岩石，存在的時間一定較早，才

能提供被包裹的岩石碎屑，因此含有包裹體的岩塊較年輕，這是有邏輯且簡單明瞭的基本原理。請見次頁圖 8.4 的範例說明：在 A 圖中，可以推測入侵岩體較為年輕，因為它的包裹體包藏的是周圍的岩石。圖 C 中的沉積岩（在「非整合面」字樣的上方），含有鄰近火成岩的包裹體，代表沉積岩疊加在已受侵蝕的火成岩上，而不是沉積岩形成之後，再受岩漿自地底入侵結晶成岩。

◗ 不整合

如果岩層之間沒有觀察到任何中斷或擾動，可稱為**整合的**岩層，許多含有整合岩床的地區，代表跨越了相當長的地質年代。但實際上，地球上沒有一組真正完整的整合岩層。

在地球歷史的進程中，沉積物的沉積一次次被中斷，在岩石紀錄中的這些轉折，稱為不整合。**不整合**代表沉積作用停滯了一段長時間，使得先前沉積的岩層因受侵蝕而被移除，之後沉積作用才又繼續進行。每一個案例中，地殼歷經了抬升和侵蝕，隨後又沉降和再次沉積。不整合是重要的地質特徵，因為它代表地球歷史中重要的地質事件，此外這些特徵也讓我們辨認岩層紀錄中少了哪些地質年代。

美國科羅拉多河的大峽谷是地質史書巨著，非常適合進行時光旅行。大峽谷絢麗多彩的岩層，記錄了長時間裡各式各樣環境中的沉積作用，包括海平面上升、河川和三角洲、潮間帶和沙丘。但這些紀錄的內容並不連續，這些不整合面代表大峽谷的岩層紀錄中，有大量的時間空白。圖 8.5 展現大峽谷其中一個地質橫切面，其中包括三種基本的不整合類型：交角不整合、假整合和非整合。

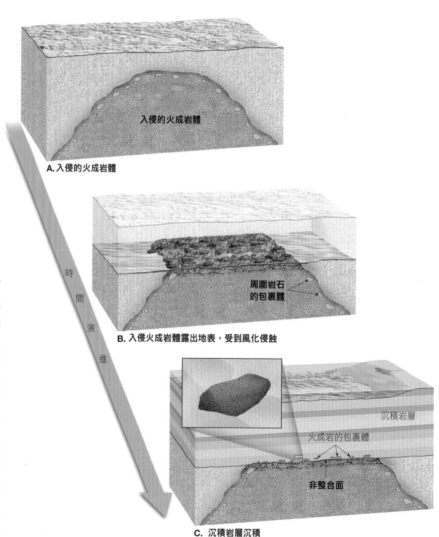

A. 入侵的火成岩體

入侵的火成岩體

周圍岩石
的包裹體

B. 入侵火成岩體露出地表,受到風化侵蝕

沉積岩層

火成岩的包裹體

非整合面

C. 沉積岩層沉積

時 間 演 進

////////////////////////////////////

圖8.4 這些圖說明二種形成包裹體的方式,也說明了「非整合面」的存在。

在 A 圖中,火成岩中的包裹體,代表周圍的母岩在岩漿入侵時碎裂,未完全熔融的岩屑被包進火成岩中。

在 C 圖中,上方的沉積岩層含有火成岩碎屑的包裹體,所以火成岩的年代早於上方的沉積岩,當較年輕的沉積岩壓在入侵的較老火成岩上,兩者間會有一個非整合面。嵌入的小圖,是年輕沉積岩中的火成岩碎屑特寫。

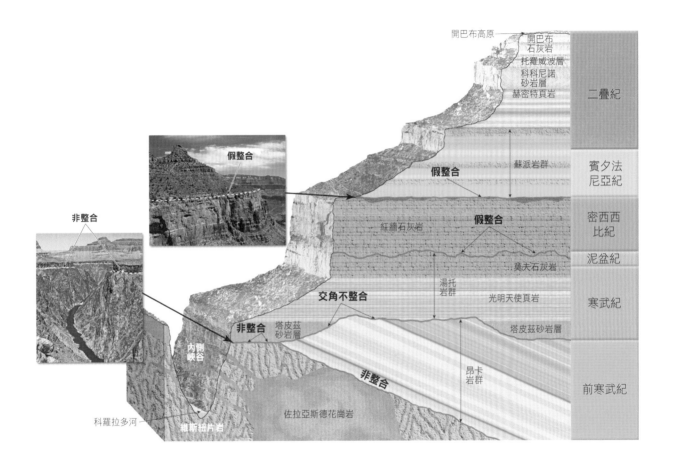

圖8.5　這個大峽谷橫切塊面圖展示了三種基本的不整合類型。在傾斜的前寒武紀昂卡岩群（Precambrian Unkar Group）和寒武紀塔皮茲砂岩層（Cambrian Tapeats Sandstone）之間的是交角不整合。紅牆石灰岩（Redwall Limestone）上下分別標注出了假整合。在昂卡岩群和佐拉亞斯德花崗岩之間，有一處非整合面。在內側峽谷（inner gorge）和塔皮茲砂岩層之間，也有一些非整合，特別以照片展示出來。

交角不整合

最容易辨認的不整合面是交角不整合，它是沉積岩層產生傾斜或褶皺，之後再遭較年輕且較水平的岩層覆蓋。交角不整合代表在沉積停滯期間，發生了岩石變形（褶皺或傾斜）和侵蝕。圖 8.6 畫出了這段發展的各個歷程。

二百多年前，赫頓在蘇格蘭研究一個交角不整合的現象，他清楚知道這是大型地質事件（圖 8.7），他也認為這樣的岩層關係代表一段很長的時間。之後另一位同行者寫下這次參訪的紀錄時，是這麼說的：「看盡時間深處，不免讓人頭暈目眩。」

假整合

相較於交角不整合，假整合較常見，但通常不容易察覺，因為假整合的岩層兩側與原來的岩層平行，上下的岩層又很相似，也沒有明顯的侵蝕證據，所以許多假整合的岩層都不容易辨認。這樣的岩層轉折，常代表一個原始的層面（bedding surface）。如果先前的侵蝕表面已經深深切入下方舊有的岩層，那麼假整合的岩層就較容易辨識出來。圖 8.5 所示的大峽谷地質橫剖面圖，標注了兩處假整合面。

非整合

第三種基本的不整合類型稱為非整合，這個轉折把古老變質岩或侵入火成岩與年輕沉積岩分開（圖 8.4）。和上述兩種不整合一樣，非整個也是因為地殼變動而形成的。侵入火成岩體和變質岩原本是在地底深處形成，而要生成非整合，一定要歷經抬升和上方岩層因侵蝕而移除。火成岩或變質岩一旦暴露至地表上，就會受到風化侵蝕的影響，直到再次沉降或新的沉積作用發生，才完成非整合面的發展。

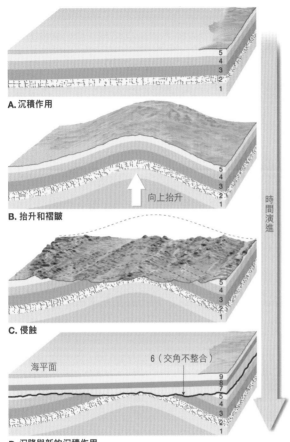

A. 沉積作用

B. 抬升和褶皺

向上抬升

C. 侵蝕

海平面

6（交角不整合）

D. 沉降與新的沉積作用

時間演進

不整合面上有一層略微傾斜的紅色砂岩及礫岩

交角不整合

地質鎚

在不整合面下是近乎垂直的砂岩及頁岩

地質學家的素描

圖8.6　交角不整合的形成歷程，代表一段發生變形和侵蝕的時間。

圖8.7　位在蘇格蘭西卡角（Siccar Point）的交角不整合，在二百多年前由赫頓發現。（Photo by Marli Miller）

化石（fossil）的英文源於拉丁文的 fossilium，代表「從地底挖掘出的」。就如同中世紀作家所指的，化石來自地底下的石頭、礦石或寶石。事實上，許多早期談論礦物學的書，都稱為化石之書。現代對化石的定義則是在十八世紀發展出來的。

▶ 應用相對年齡測定法

若是將相對年齡測定法應用在圖 8.8 中假想的地質剖面圖，就可以為這些岩層及其在地球歷史中所代表的事件，找出適當的形成序列。這張圖內的陳述，已經總結出解讀橫剖面的邏輯。在這個橫剖斷面的案例中，我們建置了一套岩石和事件的地質相對年代表。請謹記，我們不知道這些岩石代表多少年的地球歷史，與其他任何區域相比，也不知道其間的差異。

岩層的對比

為了發展應用在整個地球上的地質年代表，需要比對處於不同地區但年齡相近的岩石，這樣的任務稱為對比。在有限的區域裡，對比其中一區岩層與另一區的關聯，也許只要沿出露的岩層邊緣走一輪就好。但這個方法卻不適用在沒有連續出露的岩層。在近距離的範圍內進行對比，通常可以依據岩層在連續岩層序列的位置來確認。或透過岩層中非常獨特或不常見的礦物，來辨識不同區域的岩層是否相關。

藉由對比不同區域之間的岩層，能更綜觀區域性的地質歷史。圖 8.9 顯

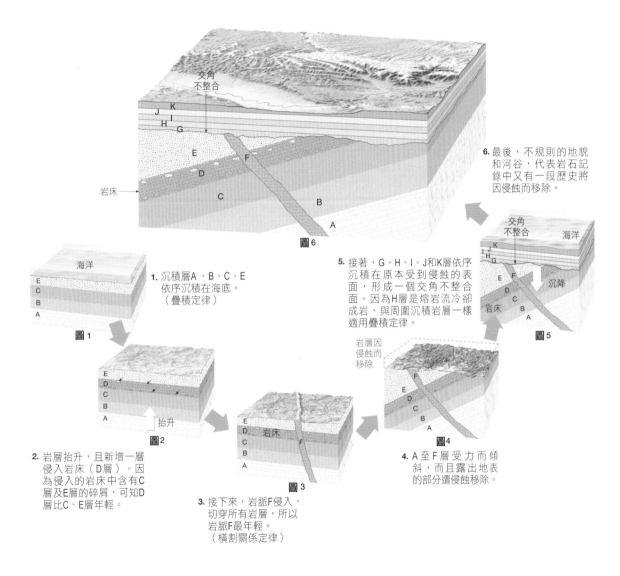

圖6

圖5

圖4

圖1

圖2

圖3

6. 最後,不規則的地貌和河谷,代表岩石記錄中又有一段歷史將因侵蝕而移除。

5. 接著,G、H、I、J和K層依序沉積在原本受到侵蝕的表面,形成一個交角不整合面。因為H層是熔岩流冷卻成岩,與周圍沉積岩層一樣適用疊積定律。

4. A 至 F 層受力而傾斜,而且露出地表的部分遭侵蝕移除。

1. 沉積層A、B、C、E依序沉積在海底。(疊積定律)

2. 岩層抬升,且新增一層侵入岩床(D層)。因為侵入的岩床中含有C層及E層的碎屑,可知D層比C、E層年輕。

3. 接下來,岩脈F侵入,切穿所有岩層,所以岩脈F最年輕。(橫割關係定律)

交角不整合

岩床

海洋

抬升

岩床

岩層因侵蝕而移除

沉降

海洋

圖8.8 將相對年齡測定法應用在假想的地質剖面區域。

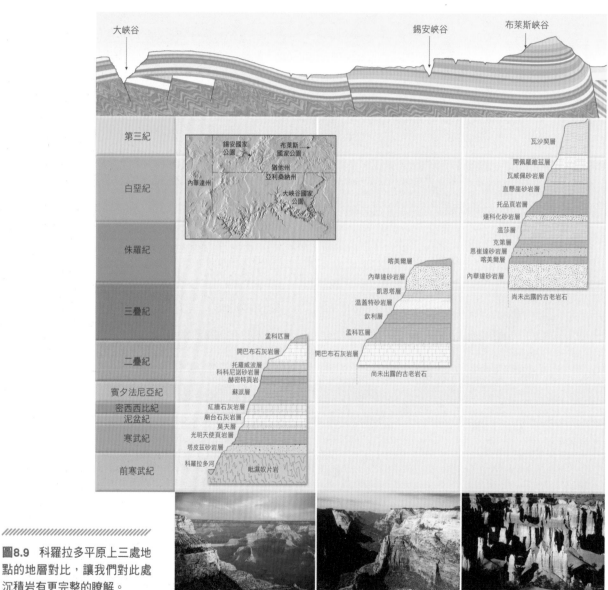

圖8.9　科羅拉多平原上三處地點的地層對比，讓我們對此處沉積岩有更完整的瞭解。

示出，分布在美國猶他州南部和亞歷桑納州北部的科羅拉多高原中，三個地點間的岩層對比，單一地點無法展露所有的岩層序列，但對比卻能讓沉積岩的紀錄顯露出更完整的樣貌。

　　許多地質研究只能關注在相對小範圍的區域，這些研究固然重要，但必須與其他地區的岩層對比，才能顯見這些研究的完整價值。前面描述的方法，雖然還足以在相對小範圍的區域中追蹤岩石形成的序列，卻不適於大範圍的岩石比對。地質學家想比對相距甚遠的區域，或不同大陸之間的岩層時，一定要依賴化石證據。

 # 化石：過往生物遺留下的證據

　　化石是史前生物的遺骸或蹤跡，是沉積物或沉積岩中重要的包裹體，是解讀過往地質事件的重要基本工具。**古生物學**是科學化的化石研究，它是整合地質學和生物學的跨領域學科，希望藉此瞭解生物序列在悠長的地質年代中的各種面向。研究者明白特定時期中，存在的各種生物型態的性質，有助於理解過往的環境條件。此外，在比對不同地區但年齡相似的岩石時，化石也是重要的時間指標。

人們通常會將古生物學與考古學搞混。古生物學研究化石，並關心過往地質年代中所有的生物型態。相反的，考古學家專注在研究過往人類生活所遺留的器物，包括古人使用的物件，稱為人造物，也包括人們曾經居住的建築或其他結構物，稱為遺址。

你知道嗎？

化石的類型

　　化石的類型非常多樣。較近代的生物遺骸通常不會變化太多。常見的化石包括牙齒、骨頭或外殼等,但是有血肉的完整動物化石,只在特殊情境下才能保存,就相當少見。其中的例子有,稱為長毛象的史前時期大象,遺骸冰存在西伯利亞和阿拉斯加的極地凍原,或是在內華達州乾燥山洞中發現的木乃伊化遺骸。

　　只要時間足夠,生物遺骸就有機會改變。化石通常以石化作用保存下來,這意思是說,礦物沉澱物填滿了生物原有結構的空心處和孔洞處(圖8.10A)。其他化石則可能發生了置換作用,也就是細胞壁和其他固體物質被移除,置換成礦物質。置換後的結構有時仍相當如實的保有原來的小細節。

　　鑄模和鑄型則構成另一種常見的化石類型。當貝殼或其他骨骼結構埋入了沉積物裡,之後又溶解在地下水裡,鑄模就形成了。這個鑄模只能忠實呈現生物的外形與表面特徵,無法反映出生物內部結構的任何訊息。如果這些中空的空隙隨後由礦物填滿,就會形成鑄型(圖8.10B)。

　　還有一種化石在細粒沉積物包圍住生物遺骸時產生,稱為碳化作用。這種化石對保存樹葉和動物細緻的外型特別有效。隨時間流逝,壓力把生物體內的液體及氣體元素擠出,只殘留下一層薄薄的碳(圖8.10C)。黑色頁岩是在缺氧的環境中,沉積為富含有機物的泥灘,其中通常含有豐富的碳化遺骸。保存在細粒沉積物中的化石,如果表面的碳膜流失,留在沉積物裡的外模複印,稱為壓印(圖8.10D),壓印裡也許還能顯示出相當多的細節。

　　昆蟲等微小的生物不易保存成化石,因此化石紀錄相對稀少。牠們不只無法免於腐敗,而且受到壓力就會被壓壞。某些昆蟲被包在琥珀裡,保

存成化石，琥珀是古代樹木的樹脂硬化形成的。蟲子受困在一滴黏稠的樹脂裡之後，就被保存成化石，如圖 8.10E。樹脂把昆蟲真空密封，免於受到水或空氣的破壞，樹脂硬化後就形成了抵抗壓力的保護殼。

　　除了上述提到的各類化石，還有許多其他類型，但很多都只是史前生物的蹤跡。這類非直接證據的例子如下：

1. 足跡：動物在柔軟的沉積物表面留下腳印，隨後石化定型。
2. 潛穴：動物在沉積物、木頭或岩石裡留下的通道，這些中空的空間，隨後因填滿了礦物而保留下來。在已知的最古老化石裡，有部分是蟲潛穴。
3. 糞化石：糞和胃內容物的化石，可以提供生物飲良習慣相關的有用資訊（圖 8.10F）。
4. 胃石：胃石極為光滑，是部分已滅絕爬蟲類用來磨碎食物的。

//

圖8.10　這裡有數種化石，A 是木頭的化石，B是三葉蟲的鑄型，C是碳膜裡的蜜蜂，D 顯現出細節的魚的壓印，E是琥珀裡的昆蟲，F是糞化石。
（Photo A, E by iStockphoto/ Thinkstock, B, D, F by E. J. Tarbuck, C by Florissant Fossil Beds National Moument）

你知道嗎？

即便生物死亡了，組織開始腐爛，組成生物的有機化合物（碳氫化合物）還是有機會存留在沉積物中，稱為化學化石。

這些碳氫化合物可形成石油和天然氣，但有些殘餘物可能繼續留在岩石紀錄中，我們可以藉此分析它們是由哪種生物轉變而來的。

適合遺骸保存的條件

生存在過去地質年代中的各種生物，只有少部分以化石的型態保存下來。動物或植物的遺骸通常會分解，那麼在什麼情況下遺骸會保存下來呢？這至少需要二種特殊情境：快速掩埋，以及生物含有硬質部分。

一旦生物死亡，生物體柔軟的部分通常會快速遭食腐動物吃掉或被細菌分解。但生物遺骸偶爾會被掩埋在沉積物裡，免於受環境中破壞性歷程的影響。因此，快速掩埋是遺骸保存的重要條件。

此外，如果動植物含有硬質部分，通常比較有機會保存成化石。雖然偶有如水母、蠕蟲等軟體動物和昆蟲的足跡和壓印保存下來，但並不常見。動物的血肉通常很快就腐爛了，幾乎不可能保存下來。逝去生物留下的紀錄，外殼、骨頭及牙齒等硬質部分占絕大部分。

因為化石保存必須依賴特殊情境，所以地質年代中的生物紀錄會有誤差。雖然沉積環境中保存大量含有硬質部分的生物化石紀錄，但對其他各式各樣無法在特殊條件下保存的生物型態，我們仍然所知有限。

化石及岩層對比

科學家早在幾世紀之前就知道化石的存在，但直到十八世紀晚期和

十九世紀初期，才明確的把化石視為一種地質工具。這時期中有一位史密斯（William Smith），是英國工程師及運河建造者，在運河挖掘的過程中，發現運河的每一層岩層，含有的化石都與上下層岩床的不同。此外，他也注意到，相距甚遠的沉積岩層之間，可以依內部的特殊化石，辨識及檢視彼此之間的岩層對比。

　　根據史密斯的經典觀察，還有後續眾多地質學家跟進所得的發現，逐漸建置出歷史地質學中一個最重要且基本的原理：生物化石的演替順序，有明確且肯定的序列，可以藉由岩層所含的化石，辨認岩石的形成年代，稱為**化石層續原理**，換句話說，若是依岩層疊積定律來排列化石的年齡順序，絕對不會出現隨機或偶然的組合；相反的，化石記錄了生物依時演進的歷程。

　　舉例來說，三葉蟲時代是相當早期的化石紀錄，隨後古生物學家又依時間序列認定魚類時代、煤沼時代、爬行動物時代以及哺乳動物時代。這些「時代」代表特定時間區段中，有特定大量且獨特的群體。在每一個時代中，又可以依三葉蟲、魚類和爬行動物各自的特定種類，間隔出次分區。這些主要生物的演替順序，在各個大陸都找到相同的證據，毫無例外。

　　化石一旦當成時間指標，就成了最重要的辨識工具，來判定不同地區但年齡相近的岩層對比，地質學家對**指標化石**特別留意。這些化石地理分布範圍廣大，但只出現在短暫地質年代中，因此指標化石是配對相同年代岩層的重要工具。但並非所有岩層中都含有特定的指標化石，此時可以運用化石群集，來建構岩層的年代。相較於單一化石所能完成的任務，圖 8.11 說明了化石群集如何更準確定義岩層年代。

　　化石除了做為岩層對比重要且必要的工具，也是重要的環境指標。雖然藉由研究沉積岩的本質及特性，可以推論出過往的環境狀態，但經由對化石的深入判讀，可以提出更多資訊。

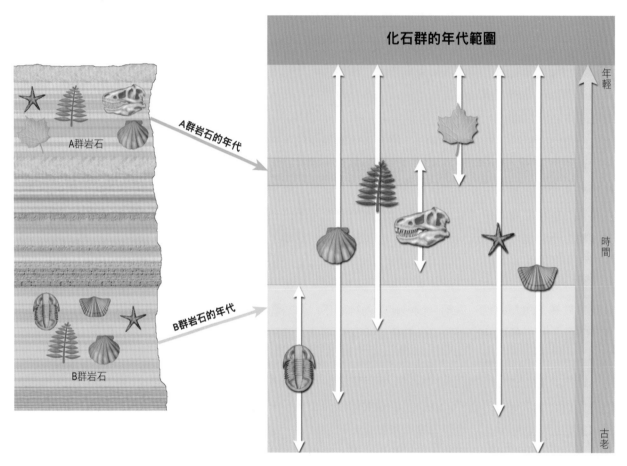

化石群的年代範圍

A群岩石的年代

B群岩石的年代

A群岩石

B群岩石

年輕

時間

古老

圖8.11 利用出現時期相互重疊的生物化石群，比單一化石更能準確推估岩層年代。

　　舉例來說，當特定的蛤蜊殼遺骸出現在石灰岩中，地質學家可以假定這個區域曾經是淺層海域，因為那是今日該種特定蛤蜊生存的環境。此外，利用我們對現代生物的所知，可以論定具有厚殼的化石動物，抵擋得住波濤洶湧的大浪，一定曾棲息在沿海地區。換句話說，配有輕薄易碎外殼的動物，應該棲息在平靜的離岸深海。因此，仔細檢視化石類型，能辨認出遠古時期的海岸線位置。

依據測定化石的數值年代紀錄，
推論出最早的海洋生物，
約莫出現在三十八億年前。

此外，化石也能做為當時環境水溫的指標。現代特定珊瑚需要生存在溫暖的熱帶海洋淺水處，如美國佛羅里達州和巴哈馬。如果遠古時期的石灰岩中發現相似的珊瑚種類，代表當時的海洋環境一定接近現在佛羅里達的海岸。以上幾個案例，說明了化石如何協助揭露複雜的地球歷史故事。

 # 用放射性定年

關於地質時代裡發生的事件，除了運用前一節描述的方法，也有其他方式，可以取得事件實際發生的可靠數值年代。我們已知地球大約有四十六億年的歷史，恐龍約在六千五百五十萬年前滅絕。由於我們對時間計算的概念，多半局限在小時、週或年，利用百萬年或上億年的定年描述，的確超乎我們的想像，不過這麼漫長的地質年代確屬真實，而放射性定年法讓我們的測量更為準確。本節將介紹放射性及放射性定年法的應用。

檢視基本的原子結構

請回想第 1 章的介紹，每個原子都有一個原子核，包括質子和中子，

而原子核周圍又有電子繞行。電子帶負電，質子帶正電，中子則是電子及質子的結合體，所以不帶電（中性）。

原子序（元素的認證碼）是原子核所含的質子數，每種元素的質子數均不相同，原子序也因此不同（例如：氫＝ 1、氧＝ 8、鈾＝ 92）。同樣的元素，永遠都有相同的質子數，因此原子序是定數。

幾乎所有的原子質量（99.9%）都集中在原子核，電子幾乎沒有質量。只要把原子核內的質子數加上中子數，即可得出原子的質量數。同一種元素的原子核裡，中子數可能不相同，因此有不同的質量數，這樣的變異稱為同位素。

舉個例子來做個小結，鈾的原子核永遠都有 92 個質子，所以原子序永遠是 92，但它的中子數不一，共有 3 種同位素：鈾 234（質子數加上中子數等於 234）、鈾 235、鈾 238，這三種同位素在自然界中混雜存在，外觀相同，化學反應也相同。

▎放射性

原子核中把質子及中子相縛的力量通常很強大，但有部分的同位素因為相縛的力不足，原子核變得不穩定，因此就自動分裂（衰變），這種過程稱為**放射性**。當不穩定的原子核分裂時，會發生什麼事呢？

圖 8.12 說明三種常見的放射性衰變，小結如下：

一、原子核釋出 α 粒子：1 個 α 粒子包括 2 個質子及 2 個中子，因此釋放一個 α 粒子，代表 (a) 同位素的質量數少了 4；(b) 原子序少了 2。

二、當 1 個 β 粒子或電子從原子核釋出，質量數仍維持不變，因為電子幾乎沒有質量。然而，因為電子來自中子（1 個中子是由 1 個質子和 1 個電子組成），因此原子核比之前多了 1 個質子，所以原子序要多加 1。

　　三、有時原子核會捕獲 1 個電子，這個電子會結合 1 個質子，形成一個額外的中子，如同前一個例子，質量數不會改變，但因為原子核少了 1 個質子，原子序也要減 1。

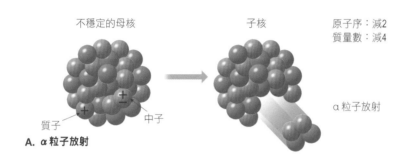

A. **α 粒子放射**

不穩定的母核　　　子核

原子序：減2
質量數：減4

質子　　中子

α 粒子放射

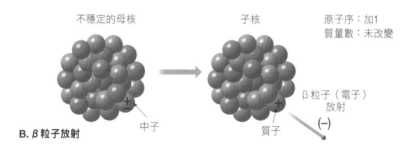

B. **β 粒子放射**

不穩定的母核　　　子核

原子序：加1
質量數：未改變

中子

質子

β 粒子（電子）放射
（−）

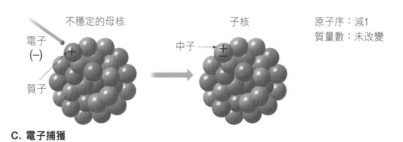

C. **電子捕獲**

不穩定的母核　　　子核

原子序：減1
質量數：未改變

電子
（−）

質子

中子

圖8.12　放射性衰變的常見類型。請留意每個案例中的質子數（原子序）皆有改變，因此會形成不同的元素。

圖8.13 以最常見的同位素鈾238為例,說明放射性衰變的歷程。在達到穩定的最終產物(Pb-206)之前,過程中會出現許多不同的同位素。

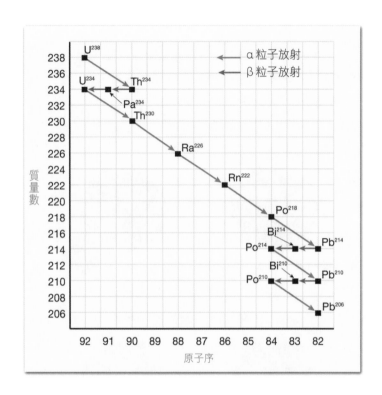

科學家把不穩定的(放射性)同位素視為母核,從母核衰變後,稱為子衰變產物。圖 8.13 說明了放射性衰變的變化歷程。當鈾 238(原子序 92,質量數 238)進行放射性衰變,引發一連串的變化,在最終形成穩定的子衰變產物鉛 206(原子序 82,質量數 206)之前,總共放射出 8 個 α 粒子及 6 個 β 粒子。

放射性的發現有很多重要的結果,其中之一是提供了一個可靠的方式,可以測定含有特定放射性同位素的岩石和礦物的年代,這個方法稱為**放射性定年法**,為什麼這是可靠的方法呢?許多同位素發生衰變的速率,

已經精準的量測出來，而且在現今的地球外層環境中，衰變率並不會改變。因此每一種用來測量年代的同位素，自岩石形成以來，就以固定的速率逐漸衰變，而衰變後的產物也以相同的速率持續累積。舉例來說，當岩漿結晶的礦物中含有鈾元素，在鈾衰變之前，岩漿結晶中還沒有鉛（穩定的子衰變產物），放射性「時鐘」自此刻開始，當鈾元素開始在這個新形成的礦物裡衰變，子衰變產物開始累積，最終將累積至足以計量的鉛元素。

半衰期

一半的原子核產生衰變所需的時間，稱為同位素的半衰期，我們常用半衰期來描述放射性衰變的速率。圖 8.14 說明，放射性母核直接衰變成穩定子衰變產物的歷程。

當母核與子核的數量達成一致（比例 1：1），代表完成一次半衰期。當原本的母核原子只剩下四分之一，其餘四分之三均變成子衰變產物，意即母核與子核的比例是 1：3，代表已經完成二次半衰期。經過三次半衰期後，母核與子核的比例變成 1：7。

如果已知放射性同位素的半衰期，又能測定母核和子核之間的比例關係，就能計算出樣本的形成年代。舉例來說，假設一個不穩定同位素的半衰期是一百萬年，母核與子核的比例是 1：15，代表已經過了四次半衰期，因此這個樣本已經形成四百萬年之久了。

放射性定年法

請留意，放射性元素每次在半衰期中衰變的百分比，永遠都是百分之五十，但是每次衰變的原子實際數量卻是逐漸減少。放射性母核數量減少

圖8.14 放射性衰變的曲線顯示，衰變歷程是以指數變化。放射性母核的數量，在歷經一次半衰期後只剩下一半；二次半衰期後只剩下四分之一，依此類推。

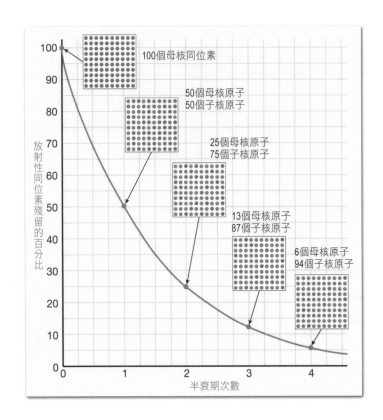

時，穩定的子衰變產物數量持續增加，增加的數量正好等於減少的數量，這正是放射性定年法的關鍵。

自然界中有許多放射性同位素，有五種同位素對量測古老岩石的年代特別重要（表 8.1），其中銣 87、鈾 238 和鈾 235 用來測定數百萬年前形成的岩石，但鉀 40 的應用則更為多元。鉀 40 的半衰期是十三億年，但它的穩定子衰變產物是氬 40，分析技術可以在年代少於十萬年的岩石中測出微量的氬 40。鉀之所以經常被運用的另一個重要理由，是它很容易在常見的礦物中發現，特別是雲母和長石。

表8.1：放射性定年法經常使用的放射性同位素

放射性母核	穩定的子衰變產物	現行接受的半衰期
鈾238	鉛206	四十五億年
鈾235	鉛207	七億一千三百萬年
釷232	鉛208	一百四十一億年
銣87	鍶87	四百七十億年
鉀40	氬40	十三億年

　　放射性定年資料要正確，必須是礦物在形成之際，就一直保存在封閉的環境中。正確的定年必須依賴母核同位素及子衰變產物的總量維持不變。不過，這樣的狀態可遇不可求。事實上，鉀 - 氬定年法有很大的限制，因為氬其實是氣體，很可能在量測時從礦物中滲漏出去。

　　請謹記，雖然放射性定年法的原理很簡單，但實際執行的過程其實相當複雜。測定母核和子衰變產物的分析，一定要非常精確。此外，有些放射性礦物並沒有直接衰變成穩定的子衰變產物，如圖 8.13 所示，鈾 238 在衰變成最後穩定的子衰變產物之前（也就是第 14 個子衰變產物的鉛 206），產生了 13 個不穩定的中介子衰變產物。

為了避免放射性定年法的來源有誤，通常會再交叉比對，
也就是運用二種方法來檢驗同一份樣本。
如果二份檢測結果相同，則定年資料的可靠度就提高了。
如果發現有異，就必須再援引其他量測方法，來確認兩份結果的可靠性。

你知道嗎？

碳十四定年法

　　若是要為近期發生的事件定年，會採用碳 14。碳 14 是碳的放射性同位素，這樣的過程稱為放射性碳定年法。因為碳 14 的半衰期只有 5730 年，所以可以用來測定歷史上的事件，及那些非常近期的地質年代。在部分例子中，碳 14 用來量測遠在七萬五千年前的事件。

　　因為宇宙射線的撞擊，碳 14 因此在上層大氣層連續形成。宇宙射線是高能量粒子，粉碎了氣體原子的原子核，釋放出中子。這些中子部分由氮原子（原子序為 7）吸收，導致原子核射出一個質子，因此原子序的數量減 1（變成 6），形成了另一種元素，稱為碳 14（圖 8.15A）。之後，碳的同位素又快速與氧合併形成二氧化碳，在大氣層內循環，又由生物吸收。因此，所有生物都含有一點微量的碳 14，包括正在讀這本書的你。

　　生物還存活時，衰變中的放射性碳持續被替換，而碳 14 和碳 12 的比例維持一定。碳 12 是最穩定及常見的碳同位素。然而，一旦植物或動物死亡，碳 14 的含量就會逐漸減少，因為 β 粒子放射，衰變成了氮 14（圖 8.15B）。只要比對樣本中碳 14 和碳 12 的比例，就能算出衰變的年限。

　　雖然碳 14 只能測定近期地質年代的微小片段，但對人類學家、考古學家、歷史學家和地質學家而言，這是研究近代地球歷史的重要工具。事實上，放射性碳定年法發展的重要性之高，讓發現這項應用的化學家屬比（Willard F. Libby, 1908-1980）得到諾貝爾化學獎。

放射性定年法的重要性

　　放射性定年的應用，已經指認好幾千筆地球歷史事件的發生年代。年齡超過三十五億年以上的岩石，遍布各大洲。目前所發現的地球上最古老

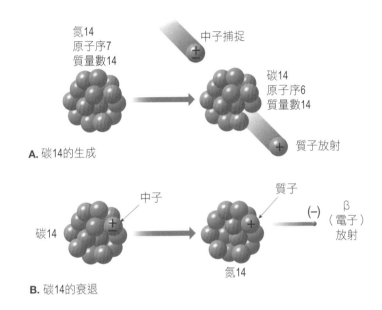

氮14
原子序7
質量數14

中子捕捉

碳14
原子序6
質量數14

質子放射

A. 碳14的生成

中子

質子

β
(−)
（電子）
放射

碳14

氮14

B. 碳14的衰退

圖8.15　A圖是碳14的生成，B圖是碳14的衰退。

的岩石，是位在加拿大北部大奴湖（Great Slave Lake）附近的片麻岩，定年結果是生成於四十億三千萬年前。格陵蘭西部的岩石年代，則在三十七億至三十八億年前之間，其他年紀相仿的岩石，包括美國明尼蘇達州紅谷至密西根州北部的岩石（三十五億至三十七億年前）、非洲南部（三十億至三十五億年前）和澳洲西部（三十四億至三十六億年前）。重要的是這些古老的岩石，並不是從任何一種原始地殼而來，而是原生的熔岩流，也就是入侵火成岩體和在淺水海域形成的沉積岩，這代表地球的歷史比這些岩石的形成年代還早。甚至在澳洲西部年輕的沉積岩層，還找到年代更早的礦物粒子，這些微小的鋯石結晶，經定年測定出有四十三億年之久。但這些微小高齡晶粒的岩石源頭，可能已不存在，也可能是尚未找到。

　　赫頓、達爾文和其他人宣稱，地質年代浩瀚無涯的概念，因放射性定

年法而獲得驗證。定年技術已經證明，雄偉地貌的形塑過程，是經過了足夠的時間才完成的。

 # 地質年代表

地質學家把整個地質史分隔成規模不一的單位，合起來就組成地球歷史的地質年代表（圖 8.16）。年代表中的最主要的分隔單位，是十九世紀時，由西歐和大不列顛帝國的科學家所制定，整個年代表是由相對年齡測定法來排序，直到二十世紀發展出放射性定年法後，才加上年代數值。

▶ 年代表的結構

地質年代表把四十六億年的地球歷史，區分成許多不同的單位，利用曾經發生的事件，分割成有意義的時間架構。請見圖 8.16 所示，**元**代表跨距最長的時間單元，從五億四千二百萬年前起，為**顯生元**的開端，這個名詞來自希臘文，代表可見的生物，充分表現出這個時期的特徵，因為在顯生元的沉積物與岩石中，找到豐富的化石，記錄了大量生物演化的趨勢。

再看一眼地質年代表，會發現元又再區分成**代**，如顯生元涵括三代，包括**古生代、中生代和新生代**。如同這些命名所提示的，時間區隔都是因為全球生物型態有了明顯的改變。

顯生元的每一代又可再區分成**紀**，如古生代含有七紀，而中生代和新生代各有三紀。每一紀仍有一些生物型態的轉變，但沒有代那麼明顯。

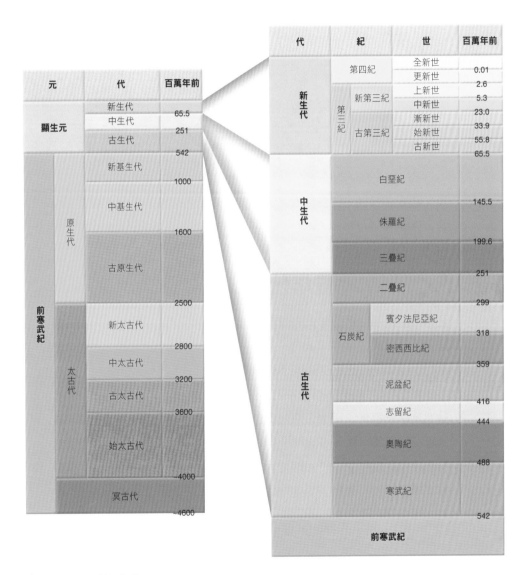

元	代	百萬年前
	新生代	65.5
顯生元	中生代	251
	古生代	542
		新基生代	1000
	原生代	中基生代	1600
		古原生代	2500
前寒武紀		新太古代	2800
	太古代	中太古代	3200
		古太古代	3600
		始太古代	~4000
	冥古代	~4600

代	紀	世	百萬年前
	第四紀	全新世	0.01
		更新世	2.6
新生代		上新世	5.3
	新第三紀	中新世	23.0
	第三紀	漸新世	33.9
	古第三紀	始新世	55.8
		古新世	65.5
	白堊紀		
中生代			145.5
	侏羅紀		199.6
	三疊紀		251
	二疊紀		299
	石炭紀	賓夕法尼亞紀	318
		密西西比紀	359
古生代	泥盆紀		416
	志留紀		444
	奧陶紀		488
	寒武紀		542
前寒武紀			

圖8.16 地質年代表。

表上的數字，代表距今的時間，單位為百萬年。這些數字是在這個表出現之後許久，因為相關定年技術的出現，才添加上去的。前寒武紀約占了整個地質年代的88%強。地質年代表是不斷變化的工具，地球科學要靠一直不斷的更新才能進步。這個表最後一次的更新，是在2009年7月。

你知道嗎？

雖然電影和卡通常常把人類和恐龍擺在同一個時代，
但這在真實世界中從未發生過。
恐龍在中生代興起，約在六千五百萬年前滅絕（於是新生代開始）。
而人類及其近親則是在新生代晚期才出現，約莫在恐龍滅絕後六千萬年。

每一紀又能再區分成更小單位，稱為世，如圖 8.16 右上角所示，新生代又區分成七世，有各自的命名。其他時代的分類，通常不會有特定的命名，只會用古、中、新來區分這些早期的階段。

術語和地質年代表

有些詞彙與地質年代表有關，但又沒有「正式」被承認而納入表中，最常聽見的例子是前寒武紀，這是「顯生元以前」的非正式命名，雖然這個詞彙沒有正式納入地質年代表，但已經是慣例用法。

冥古代則是另一非正式用語，在部分地質年代表的版本可以找到，部分地質學家也仍使用中，這是指最早期的地球歷史，遠早於目前已知最古老岩石的形成年代。這個詞最早從 1972 年開始使用，當時找到最古老的岩石是三十八億年前，現在則是稍微往前移至四十億年前，當然這個數字仍會依最新研究而異動。冥古代這個詞代表地下的幽冥世界，用來指稱地球早期四處「險惡」的生存環境。

為了讓地球學科圈內能有效的溝通，地質年代表需要有標準的時間分隔與日期。那麼，由誰來決定地質年代表「正式」的命名和日期呢？承擔這個重責大任的組織是國際地層委員會（International Committee on Stratigraphy, ICS），是國際地質科學聯合會（International Union of Geological Sciences）的其

中一個委員會*。此外，這個年代表必須定期更新，包括名稱的變更和區隔年代的估算。

　　舉例來說，圖 8.16 的地質年代表是在 2009 年 7 月更新。綜合考量研究近代地球歷史的地質學家之間的對話，ICS 把第四紀和更新世的起始時間，從一千八百萬年再推移至二千六百萬年前。也許在你閱讀這本書的同時，地質年代表又有新的更新。

　　如果你剛好在幾年前檢視過地質年代表，可能看過新生代分成第三紀及第四紀。但是在最新的版本中，第三紀已經分割成古第三紀和新第三紀，除了地質年代表上的名稱變動，時間跨距也有變動。今日已把第三紀視為歷史名詞，它在 ICS 版本的地質年代表中，已無任何正式地位。但是，仍有許多年代表使用和參考「第三紀」這個詞，包括本書的圖 8.16。原因在於許多重要的地質歷史文獻（包括部分現今的文獻）仍使用這個名稱。

　　對研究歷史地質學的人而言，要瞭解地質年代表是動態工具，會隨對地球歷史的理解與掌握，持續更新。

▶ 前寒武紀時代

　　仔細留意一下地質年代表，你會發現詳細的時間分割起自五億四千二百萬年前，也就是寒武紀開始的時間點。在寒武紀之前的四十億年，區分成二個紀元，分別是太古代和原生代，太古代又再分成四個時期。這一段悠久的歷史，經常簡稱為前寒武紀，雖然它代表了百分之八十八的地球歷史，但卻沒有切分成如顯生元中小段的時間單位。

★ 若想檢視 ICS 最新的地質年代表，請上網查詢：http://www.stratigraphy.org。地層學是地質學的分支領域，專門研究岩層和分層，也就是層理，因此它主要的研究焦點是沉積岩和層狀的火成岩。

你知道嗎？

有些地質學家建議全新世應該已經結束，而我們已經進入一個全新的紀元，稱為人類世（Anthropocene），人類世要從十九世紀早期起計，因為人口增加和經濟發展影響了全球環境，已經急劇改變了地球地貌。雖然現在這個詞只是用來隱喻人類造成的全球環境變遷，但不少科學家認為值得把人類世視為「正式」的地球紀元。

　　為什麼這一大段的前寒武紀，無法區分成小段的紀元呢？原因在於我們對這段歷史所知有限。關於地球歷史的資訊量，地質學家能掌握的量，就跟我們對人類史的瞭解程度一樣，時間愈往回溯，所知愈少。我們對過去十年的資料與資訊量，肯定比二十世紀初期來得多；而十九世紀事件的紀錄，肯定也比第一世紀來得完整，以此類推，地球歷史的紀錄也是如此。發生時間離現在愈近，紀錄愈清淅、不受干擾且觀察愈完整。地質學家愈往久遠的歷史追溯，紀錄和線索就愈零星。

 # 地質年代表的定年難題

　　雖然地質年代表的紀元已經估算了合理正確的數值年代（請見圖8.16），但這項任務並非易事。決定數值年代的首要問題，是並非所有岩石都適用於放射性定年法。放射性定年法若要奏效，岩石中的礦物一定要在同一時期形成。因此當火成岩中的礦物冷卻結晶，還有變質岩因溫度及壓

力，在其中形成了新的礦物，都能應用放射性同位素來決定礦物的生成年代。

　　然而，沉積岩樣本就不容易直接應用放射性定年法。沉積岩也許含有放射性同位素粒子，但這些組成粒子的形成年代，並不等同於沉積岩沉積的年代，所以還是無法正確估算沉積岩的年代。只能知道這些沉積物是由哪些不同年代的岩石風化堆積而成（圖 8.17）。

　　從變質岩取得的放射性定年資料，有時也很難解讀，因為變質岩中特定礦物的形成年代，不一定代表該塊岩石最初形成的時間，換句話說，測定出的日期可能是變質作用的任何階段。

　　如果沉積岩樣本很難得出可靠的放射性定年資料，那麼沉積岩層形成的數值年代，要如何取得呢？通常地質學家會建立起沉積岩與可定年的火

圖8.17　很難定出這塊礫石形成的正確數值年代，因為其中的石頭來自不同年代的岩石。（Photo by E. J. Tarbuck）

成岩體之間的關係，如同圖 8.18 的例子。這個例子利用放射性定年法決定摩里山層（Morrison Formation）中火山灰層的形成年代，也指認出切穿曼柯斯頁岩（Mancos Shale）及梅薩維德層（Mesaverde Formation）的岩脈年代。在火山灰底下的沉積岩層，形成年代應該早於火山灰的覆蓋，而火山灰上方的所有岩層都比較年輕（疊積定律）。岩脈的形成年代晚於曼柯斯頁岩和梅薩維德層，但早於瓦沙契層（Wasatch Formation），因為岩脈沒有侵入到第三紀的岩層（橫割關係定律）。

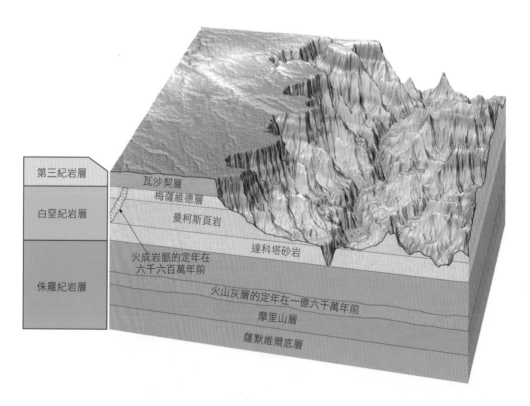

第三紀岩層

白堊紀岩層

侏羅紀岩層

瓦沙契層
梅薩維德層
曼柯斯頁岩
達科塔砂岩

火成岩脈的定年在
六千六百萬年前

火山灰層的定年在一億六千萬年前
摩里山層
薩默維爾底層

圖8.18 沉積岩的數值年代通常是檢視其與火成岩的關係而定。

　　在這樣的例子中，地質學家利用火山灰層為指標，推估部分摩里山層是在一億六千萬年前沉積。此外，岩脈約在六千六百年前入侵，因此第三紀是在此之後才開始。數千筆以上的研究資料，都是利用這類比對可定年礦物的方式，來「歸類」特定歷史紀元內的不同事件。這也顯示實驗室內的定年法，必須整合野外岩層觀察的調查。

■ 在十七、十八世紀期間，災變論影響眾人對地球地貌形塑的解釋。災變論認為大型災難是形塑地貌的主因。相形之下，由赫頓在十八世紀晚期提出的均變說，是現代地質學的基礎原理，均變說指出，現今存在的各式物理、化學和生物機制或定律，也曾經存在於過去的地質年代中，這個概念經常總結為「現在是瞭解過去的關鍵」。赫頓認為，即便是微小而緩慢的作用力，在長時間的累積下還是能夠刻畫出，驟然災難事件所形塑出的大型地景。

■ 地質學家用來解讀地球歷史的二種定年法，包括（1）相對年齡測定，把事件依地層序列適切排列；（2）數值定年，指出事件確切發生的年份。

■ 運用疊積定律、原始水平定律、橫割關係定律、包裹體及不整合面，相對年齡測定可以排出適切的生成順序。

■ 岩層對比是指不同地區但有相似年代的地質現象，可用來建立全球適用的地質年代表。

■ 化石是史前生物的遺骸或蹤跡，特定的保存條件包括快速掩埋，或是生物擁有外殼、骨頭或牙齒等硬質部分。利用岩層內含有特定的化石，並依據化石層續原理，化石經常用來建立相隔兩地的沉積岩層關係。化石層續原理認為，生物演替有明確且可決定的順序，因此任何岩石均能利用所含化石來確認生成年代。

■ 每一個原子都有一個原子核，包括質子（帶正電）、中子（不帶電），電子（帶負電）則圍著原子核繞行。原子核的質子數量稱為原子序，質量數則是質子數加上中子數。同位素則是相同原子的變異，但中子數量不同，因為質量數也不同。

■ 放射性代表不穩定的特定原子核自動分裂（衰變），最常見的放射性衰變包括（1）原子核射出 α 粒子；（2）原子核射出 β 粒子（或電子）；（3）原子核捕獲新的電子。

■ 一個不穩定的放射性同位素，稱為母核，將逐漸衰變成子衰變產物。放射性同位素其中一半完成衰變所需的時間，稱為同位素的半衰期。如果已知半衰期長度，也可以測出目前母核及子核的比例，就能測出岩石樣本的年代。

■ 地質年代表將地球歷史區分成不同規模的區段，通常以表格型式呈現，愈古老的年代及事件放在表格底端，愈年輕的年代在頂層。地質年代表的主要分區稱為「元」，包含了太古代、原生代（通常這二個時期合稱為前寒武紀），以及始自五億四千二百萬年前的顯生元（代表可見的生物），顯生元又可再分割成下列區段：古生代（古老的生物）、中生代（中間時代的生物）和新生代（現有的生物）。

■ 執行數值定年法最顯著的問題，在於並非所有的岩石都適用於放射性定年法。以沉積岩為例，內含許多不同年代生成的粒子，這些粒子都是來自不同年代、不同岩石的風化碎屑。地質學家只能建立沉積岩與可定年的火成岩之間的關係，例如岩脈和火山灰層，才能指認沉積岩層的生成年代。

關鍵名詞解釋

不整合 unconformity 岩層紀錄中的轉折面，成因包括侵蝕和沉積中斷。共有交角不整合、假整合、非整合三種基本類型。

中生代 Mesozoic era 地質年代表內位居古生代與新生代之間，約在二億五千一百萬年前至六千五百五十萬年前之間。

元 eon 地質年代表裡最大的時間單位，接下來是「代。」

化石 fossil 史前生物的遺骸或蹤跡，是沉積物或沉積岩中重要的包裹體，是解讀過往地質事件的重要基本工具。

化石層續原理 principle of fossil succession 化石種類以特定順序接替出現。

世 epoch 地質年代表裡，每一紀裡的次分區。

代 era 地質年曆裡的次大分區；代又再區分成紀。

包裹體 inclusion 岩層中包括了其他岩層的碎屑。包裹體是用在相對年齡測定上的。包覆在鄰近岩層中的岩層，年代必定較早，才能提供碎屑。

半衰期 half-life 一半的原子完成放射性衰變所需的時間。

古生代 Paleozoic era 地質年代表中位在前寒武紀與中生代之間，約起自五億四千二百萬年前，至二億五千一百萬年前。

古生物學 paleontology 科學化的化石研究是整合地質學和生物學的跨領域學門，藉此瞭解生物序列在悠久的地質年代中的各種面向。

交角不整合 angular unconformity 底下的岩層與上方岩層傾斜的角度不同。

地質年代表 geologic time scale 將地球歷史區分成不同的時間群，包括元、代、紀和世。這份年代表是利用相對年齡測定法所制定的。

均變說 uniformitarianism 説明形塑地貌的力量和機制，自過往的地質年代至今不曾改變。

災變論 catastrophism 認為地球是在短時間內由災難事件形塑出各種地形。

放射性 radioactivity 原子核不穩定，自動分裂（衰變）的過程。

放射性定年 radiometric dating 測定物質中某些放射性元素與子衰變產物的比率，以計算物質年代的方法。

放射性碳定年法 radiocarbon dating 碳 14 的半衰期只有 5,730 年，所以可以用來測定歷史上的事件，及那些非常近期的地質年代。

非整合 nonconformity 指較古老的變質岩或侵入火成岩，被較年輕的沉積岩層覆蓋。

前寒武紀 precambrian 古生代之前所有的地質年代。

指標化石 index fossil 與特定地質時期有關的化石。

相對年齡測定 relative dating 岩層依形成年代順序排列時，只能測定事件發生的紀元，也就是只能測定發生的順序，無法數值定年。

紀 period 地質年代表中的基本單位，是代的次分區。紀可以再區分成更小的時間單位，稱為世。

原始水平定律 principle of original horizontality 沉積物通常以水平或近乎水平的方式沉積分層。

假整合 disconformity 不整合的其中一類，上下岩層互相平行。

新生代 Cenozoic era 地質年代表裡其中一段年代，約始於六千五百五十萬年前，接續在中生代之後。

對比 correlation 建立不同地區但年代相似的岩層關係。

數值定年 numerical date 定義出過去事件發生的明確時間。

整合的 conformable 岩層堆積時沒有受阻中斷。

橫割關係定律 principle of cross-cutting relationships 相對年齡測定法的辨識原理之一。斷層或侵入岩體的形成年代，晚於所切穿的岩層或斷層。

疊積定律 law of superposition 在沉積岩生成順序未經任何變形的區域，每一層岩層都比上方岩層古老，比下方岩層年輕。

顯生元 Phanerozoic eon 岩石中富含化石證據的地質年代表，從古生代起（五億四千二百萬年前）沿續至今。

1. 比較災變論及均變說的原理，這兩個學說解讀地球歷史的觀點各是為何？

2. 請區分數值定年法及相對年齡測定法。

3. 什麼是疊積定律？相對年齡測定如何應用橫割關係定律？

4. 觀察陡峭、傾斜的沉積岩層出露時，可以用哪一個定律來解釋這些岩層是在沉積形成之後才傾斜的？

5. 依據圖 8.3，請回答下列提問：

    a. 斷層 A 比砂岩層古老還是年輕？

    b. 岩脈 A 比砂岩層古老還是年輕？

    c. 礫岩是在斷層 A 形成之前或之後出現？

    d. 礫岩是在斷層 B 形成之前或之後出現？

    e. 斷層 A 和 B，何者較古老？

    f. 岩脈 A 比岩基古老還是年輕？

6. 花崗岩塊體與砂岩層相連。請利用本章描述的原理，解釋如何辨認是砂岩層沉積在花崗岩之上，還是砂岩沉積之後，花崗岩才入侵。

7. 請區分交角不整合、假整合和不整合。

8. 「對比」這個詞代表什麼意思？

9. 請列出至少五種不同的化石類型，並請簡單描述。

10. 請列出有助於生物保存成化石的二種情境。

11. 為什麼化石是建立岩層對比的有用工具？

12. 如果放射性同位素釷（原子序 90，質量數 232），在完成衰變期間，共射出 6 個 α 粒子和 4 個 β 粒子，請問穩定子衰變產物的原子序和質量數各是多少？

13. 放射性定年法為什麼是測定地質歷史的最可靠方式？

14. 假設有一種放射性同位素的半衰期是一萬年，放射性母核和穩定子核的比例為 1：3，那麼含有這種同位素的岩石年代有多久？

15. 為了簡化計算，我們先把地球歷史化約成五十億年。

   a. 地質年代的哪一個片段開始進入有紀錄的歷史（假定有記錄歷史的時期長為 5,000 年）？

   b. 直至寒武紀（五億四千二百萬年前）初期，岩層中才開始出現豐富的生物化石證據。地質年代中有多少比例的年代，擁有豐富的生物化石證據？

16. 地質年代表的時間分區有哪些？這些不同紀元的主要差異為何？

17. 請簡述在沉積岩層執行數值定年法的困難點。

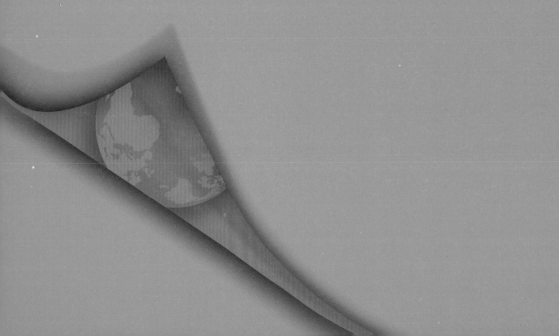

第五部
地球的海洋

海洋
——未知的邊境

學習焦點

留意以下的問題，
對掌握本章的重要觀念將相當有幫助：

1. 什麼是海洋學？
2. 全球海洋分布的範圍為何？
3. 影響海水鹽度的要素有哪些？這些要素又是從何而來？
4. 在開闊海域中，海水的溫度、鹽度、
   密度會如何隨深度變化？
5. 用來測繪海床地形的技術有哪些？
6. 如何區分不活動大陸邊緣和活動大陸邊緣？
7. 深海盆地的主要特徵有哪些？
   中洋脊與海底擴張之間有何關連？
8. 海底沉積物有哪些不同種類？
   如何利用這些沉積物來研究全球氣候變遷？

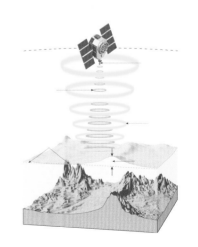

　　將地球形容為「水行星」，是再適切不過的說法，因為將近 71% 的地球表面覆蓋了海水。海洋覆蓋的面積雖然遠大於陸地面積，但海洋的相關研究，直到近幾年才受到重視，資料量也迅速累積，讓海洋學的研究急劇發展。**海洋學**是一門整合性的科學，應用了生物學、化學、物理學和地質學的方法及理論，才能全方面瞭解全球海洋的特性。

浩瀚的全球海洋

　　若從外太空俯瞰地球，會發現海洋才是主角（圖 9.1），因此地球經常被稱為藍色星球。

海洋的地理特徵

　　地球的表面積約為 5 億 1 千萬平方公里，其中約有 71%，也就是 3 億 6 千萬平方公里，是海洋和緣海（圍繞在海洋邊緣的海，如地中海、加勒比海）。大陸和島嶼覆蓋的面積則占了 29%，約莫 1 億 5 千萬平方公里。

　　從世界地圖或地球儀可以看出，南北半球的海洋和陸地分布，呈現明顯的不平均（圖 9.1）。若計算北半球海洋和陸地的比例，海洋約占 61%，陸地約占 39%，但在南半球，海洋占了 81%，陸地只占 19%。因此，北半球經常被稱為陸半球，南半球則被稱為水半球。

　　圖 9.2A 呈現的是南、北半球不同緯度間，海洋與陸地的分布狀況。在北緯 45 度至 70 度之間，陸地多於海洋，而在南緯 40 度至 65 度之間，幾乎沒有任何陸地會阻隔海洋循環與大氣循環。

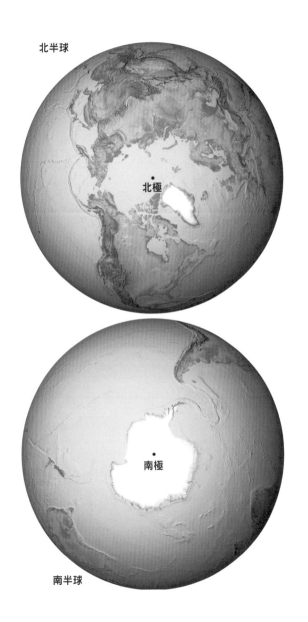

北半球

北極

南極

南半球

圖9.1　本圖呈現南、北半球水陸分布的不均現象。南半球幾乎有81%覆蓋著海洋，比北半球多了20%。

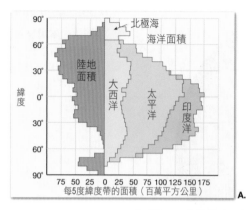

圖9.2 海洋與陸地的分布狀況。A圖依緯度劃分，每5度為一個區段，計算該區段海洋與陸地的面積；B圖則是以大家較為熟悉的世界地圖，來呈現海陸分布。

全球海洋可分成四大海洋盆地（圖 9.2B）：

1. 太平洋：全球最大的海洋（也是地球上最大的單一地理特徵），面積超過全球海洋總和的一半。事實上，全球陸地的總面積還不及太平洋！它也是全球最深的海洋，平均深度是 3,940 公尺。

2. 大西洋：面積約是太平洋的一半大，但深度並沒有小多少。與太平洋相比，大西洋較為瘦長，夾在兩側的大陸邊緣，彼此近乎平行。

3. 印度洋：面積比大西洋略小，但平均深度大致相同。不像太平洋和大西洋橫跨南北半球，印度洋主要分布在南半球。

4. 北極海：大約只有太平洋面積的 7%，深度則是其他海洋平均深度的四分之一又多一點。

你知道嗎？

海洋、大陸比一比

　　大陸與海洋盆地最大的差異，在於相對高度。大陸的平均海拔是海平面以上 840 公尺左右，而海洋盆地的平均深度則是前者的 4.5 倍，達 3,729 公尺。如果地球是個外形平滑的正球體，那麼海水的體積可以覆蓋住整個表面，且平均深度超過 2,000 公尺，體積相當驚人！

海水的組成

　　純水與海水的差異為何？最明顯的差異在於，海水所含的溶解物質，讓海水有特殊的鹹味。這些溶解的物質不只有氯化鈉（餐桌上常見的食用鹽），還有其他的鹽類、金屬，甚至溶解的氣體。事實上，存在於自然界的任何元素，都可以在海水中找到微量溶解的蹤跡。但可惜的是，海水中的鹽類物質，讓海水不適合飲用，也不適合灌溉大多數的作物；對許多金屬而言，海水具有高度的腐蝕性。不過，海洋仍然孕育了不少能適應海洋環境的生物。

鹽度

　　海水約含有 3.5%（依重量計算）的溶解礦物質，統稱為鹽類。雖然溶解物質的比例看似很小，但實際的總量卻很龐大，因為海洋體積實在太龐大了。

　　鹽度是溶解於水中的固體物質總量。更精準的說，海水樣本溶解物質的總量除以海水樣本的總量，所得的比值稱為鹽度。很多常用的比值是以百分比（％）來表示，但是海水中溶解物質的總量實在很小，於是海洋學家通常使用千分比（‰）來表示。因此，海水的平均鹽度為 3.5% 或 35‰。

　　圖 9.3 說明了海洋鹽度中，主要元素所占的比例。人工海水可依表 9.1 的配方來調配；由表中可知，海水中最主要的鹽類是氯化鈉，也就是食用鹽。氯化鈉與含量第二到第五名的鹽類加起來，已占海中所有溶解物質的

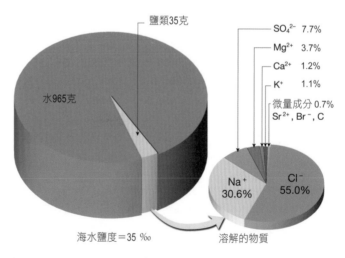

圖9.3 海水當中，水和溶解物質的相對比例。
圖中的物質皆以化學式呈現，包括氯（Cl^-）、鈉（Na^+）、硫酸鹽（SO_4^{2-}）、鎂（Mg^{2+}）、鈣（Ca^{2+}）、鉀（K^+）、鍶（Sr^{2+}）、溴（Br^-）、碳（C）。

99%。雖然這五種鹽類的組成只包括了八種元素，然而海水卻含有地球上其他所有自然存在的元素。儘管這些元素的含量很少，但是對海中生物的生存環境而言，卻是不可或缺的。

表9.1　人工海水的配方

製造海水需包括：	總量（克）
氯化鈉（NaCl）	23.48
氯化鎂（$MgCl_2$）	4.98
硫酸鈉（Na_2SO_4）	3.92
氯化鈣（$CaCl_2$）	1.10
氯化鉀（KCl）	0.66
碳酸氫鈉（$NaHCO_3$）	0.192
溴化鉀（KBr）	0.096
硼酸（H_3BO_3）	0.026
氯化鍶（$SrCl_2$）	0.024
氟化鈉（NaF）	0.003
最後加入純水（H_2O），形成1,000公克的溶液	

▶ 海鹽的來源

海洋中這些大量的溶解物質，主要來自哪裡呢？陸地上岩石的化學風化，是其中一個來源。這些溶解物質藉由河川運送至海洋，據估算每年超過 25 億公噸。第二個主要來源是地球內部，在漫長的地質歲月中，不斷有大量的水氣和溶解氣體，藉由火山噴發，從地球內部釋出，這個過程稱為

你知道嗎？

少數鹽度非常高的水域，位在乾燥地區的內陸湖，通常被稱為「海」。舉例來說，美國猶他州大鹽湖的鹽度達 280‰，而位在以色列、約旦邊界的死海，鹽度更達 330‰，意即包含 33% 的溶解物質，幾乎是海水鹽度的十倍。這些湖水的密度之高，足以讓人輕易的漂浮在水面上，當你平躺在水中，手腳甚至可以同時伸出水面（請見圖 9.7）！

釋氣，是海洋及大氣裡水分的主要來源。特別是像氯、溴、硫、硼等特定元素，在釋氣過程中，隨著水氣大量帶入海洋，由於這些元素在海洋裡的含量太豐富了，無法單獨以岩石風化來解釋。

雖然河流和火山活動持續將鹽類帶入海洋，但海水的鹽度並沒有增加。根據研究的證據顯示，數百萬年以來，海水的組成相對穩定。為什麼海水不會變得更鹹呢？答案是：鹽類自海水中移除的速率，正好與增加的速率一致。舉例來說，海中的動植物會吸收海水中的鹽類，來建造體內的硬質部分；其他鹽類物質則是因為化學沉澱形成沉積物，而從海中移除；還有一些鹽類物質，是在洋脊處藉由熱液活動，發生物質交換。這些作用的淨效益，就是使得海水的整體組成相對之下維持恆常不變。

影響海水鹽度變化的作用

因為海水已經充分混合，不論在何處取樣，海水中主要組成元素的相對含量，基本上都是一致的。因此，鹽度的變化，主要是海水中元素溶解量的變化所致。

多樣的地表作用改變了海水中的水量，因而影響了鹽度變化。降雨、

陸地逕流、冰山和海冰融化，都會為海水帶入大量淡水，使鹽度降低。若
大量淡水自海水中移除，如蒸發作用和海水結冰，則海水鹽度增加。舉例
來說，蒸發速率快的區域，或乾燥的副熱帶地區（約在南北緯 25 至 35 度之
間），海水的鹽度較高；相反的，若是在大量降雨沖淡海水的地點，海水鹽
度較低，如中緯度地區（南北緯 35 至 60 度之間）和接近赤道的地區（圖
9.4）。

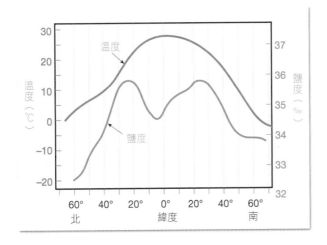

圖9.4　本圖說明海水表層溫度（上方的紅色曲線）和表層鹽度（下方的藍色曲線）
依緯度變化的狀況。可以想見，赤道附近的平均表層溫度最高，愈向南北極地，溫
度愈低。影響表層鹽度變化的重要因素是降雨量和蒸發速率。舉例來說，在南、北
回歸線附近的乾燥副熱帶地區，高蒸發速率移除的水量，會多於稀疏的降雨量，造
成表層鹽度增加。在潮溼的赤道區域，豐沛的降雨則降低了表層鹽度。

　　極區的表層鹽度，會依海冰的形成和融化，而有季節性的變化。海水在冬季結冰，海鹽並不會一起結冰，因此剩餘海水的鹽度增加，而當海冰在夏末融化，相對增加淡水，沖淡了海水，鹽度減少（圖 9.5）。

　　開闊海域的表層鹽度，通常在 33‰ 至 38‰ 之間擺盪，有一些緣海的鹽度卻相差甚大。舉例來說，中東的波斯灣和紅海這類限制水域，因為蒸發作用遠大於降雨，鹽度可能會超過 42‰。相反的，有河流和降雨帶來大量

圖9.5 海冰是凍結的海水。北極海在冬季時完全結冰，夏季時則有部分的海冰融化。本圖顯示2005年及2007年夏末融冰時期的海冰覆蓋範圍，並與1979–2000年間的平均值做個比較。相較之下，2007年9月的海冰覆蓋範圍，比起1979年至2000年的長期平均值少了39%。這樣的趨勢似乎說明了全球暖化的影響（詳見第11章）。

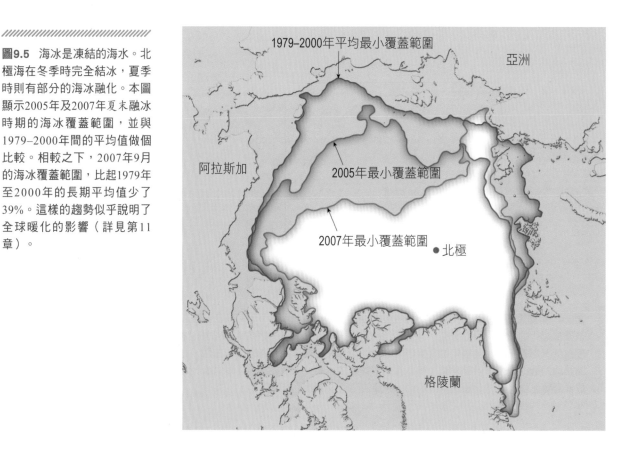

淡水的水域，鹽度則非常低，北歐的波羅的海就是一例，鹽度通常低於 10‰。

 # 海水溫度與深度的變化關係

如果測量海洋表層至深海的溫度變化，會發現什麼型態呢？表層海水因為太陽照射而加溫，通常比深海溫度來得高。但依據觀測結果，水溫變化的模式因緯度而異。

圖 9.6 呈現出高、低緯度區海水溫度隨深度的變化。從低緯度區的溫度曲線可以看到，一開始在表層海水溫度較高，隨著海水愈深，溫度迅速下降，原因是太陽光無法穿透至海洋深處。水深降到約 1,000 公尺時，水溫已經很接近零度了，由此深度繼續延伸至海床，溫度就幾乎維持一致。

在水深 300 公尺至 1,000 公尺之間，水溫隨著深度快速降低，因此稱為**斜溫層**（或**溫度躍層**）。斜溫層是海洋中非常重要的過渡區，因為它對許多海洋生物而言，是一道垂直的屏障。

圖 9.6 中的高緯度區溫度曲線，與低緯區相當不同，高緯度區的海水表層溫度，比低緯度區低很多，因此溫度曲線的起始點是在低溫處，而當水深愈深，水溫與表層差不多（略高於冰點），所以溫度並沒有隨著深度劇烈改變，曲線為一條垂直線。高緯度區沒有斜溫層，而是保持等溫。

部分高緯度區的水域，表層水溫會在夏季略微升高，因此出現變化極小的季節性斜溫層。另一方面，中緯度區的季節性斜溫層，變化則較為劇烈，展現出介於高、低緯度區的中間特色。

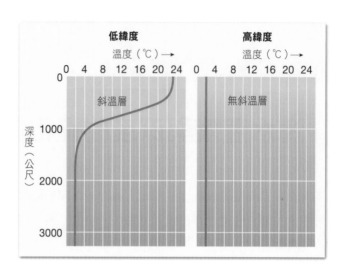

圖9.6 高、低緯度區的海水溫度變化曲線。海水溫度急劇變化的水層稱為斜溫層；高緯度區並沒有斜溫層。

 # 海洋密度變化

　　密度的定義是單位體積的質量，但也可以想成在度量某物體以本身的體積來說有多重。舉例來說，乾的海綿、保麗龍或衝浪板，以本身的體積來說重量是輕的，密度就是小的；相反的，以本身體積來說重量較重的物體，密度就是大的，例如水泥和許多金屬。

　　密度是海水的重要性質，因為密度會決定海水在海洋裡的垂直位置。此外，密度差異也會導致大範圍的海水下沉或上升。舉例來說，當高密度的海水加進低密度的淡水，密度大的海水會下沉至淡水下方。

影響海水密度的因素

海水密度主要受兩個因素影響，即鹽度和溫度。海水鹽度升高，表示溶解的物質增加，就導致海水密度跟著增加（圖 9.7）。相反的，海水溫度升高，導致海水體積擴增，造成海水密度降低。像這樣一個變量降低、導致另一個變量增加的關係，稱為逆相關，代表兩個變量互成反比。

因為海水表層的溫度變化比鹽度劇烈，因此溫度對表層海水密度的影響較大。實際上，只有在長年維持低溫的極區，鹽度才會明顯影響密度變化。鹽度高的冰冷海水，正是全球海水密度最大的水域之一。

圖**9.7** 死海的鹽度達330‰（幾乎是海水平均鹽度的10倍），密度也大，因此浮力很大，可以讓人輕易浮起。
（Photo by Medioimages/Photodisc/Thinkstock）

▶ 密度隨深度的變化關係

藉由大規模的海水取樣,海洋學家已經得知,海水溫度與鹽度的變化,會隨著深度而改變,因此密度也會隨深度變動。圖 9.8 呈現高、低緯度區海水密度隨深度的變化曲線。

由左半邊低緯度區的曲線來看,表層海水的密度較低(與溫度較高有關),但隨著深度增加、溫度下降,密度也快速增加。在深度 1,000 公尺處,海水已達最低溫度,密度也達最大值。從這個深度至海底,海水密度一直維持在最大的定值。

在海平面以下 300 公尺至 1,000 公尺之間,密度隨深度快速變化,這個過渡層稱為**斜密層**(或**密度躍層**)。斜密層有很高的重力穩定性,明顯阻礙了上層低密度與下層高密度的海水互相混合。

圖9.8 高、低緯度區的海水密度變化曲線。密度變動劇烈的水層,稱為斜密層(密度躍層),只有在低緯度出現,高緯度沒有。

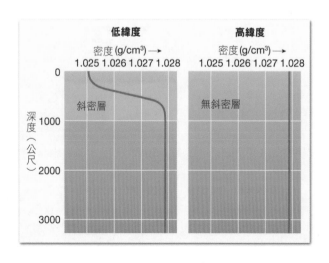

　　右半邊高緯度區的曲線，也與圖 9.6 的高緯度區溫度變化曲線有關。圖 9.8 說明了，高緯度區的表層海水密度高（溫度低），下層海水也是高密度（溫度低）。因此，高緯度區的海水密度變化曲線為一條垂直線，並不會隨深度快速變化。高緯度區沒有斜密層，而是維持等密度。

▶ 海洋分層

　　就像地球內部的分層結構，海水也可依照密度分層。低密度的海水位在表層，高密度則在下層。除了少部分的淺水內陸海，因為高蒸發速率而使得海水密度大，密度最高的海水幾乎都在海洋最深處。海洋學家通常把海洋的垂直結構分成三層：表層混合帶、過渡帶、和深水層（圖 9.9）。

　　海面吸收了太陽能，因此表層海水的溫度最為溫暖。藉著海浪、洋流及潮汐漲落，表層的海水迅速混合，進行垂直的熱傳遞，因此表層混合帶的溫度近乎一致。這個水層的厚度與溫度，會隨著緯度和季節產生變化，通常深達 300 公尺，但也可能延伸至 450 公尺深。表層混合帶大約只占了海水的 2%。

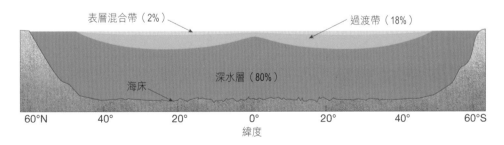

圖9.9　海洋學家依密度把海水分成三大層，而海水密度會隨溫度和鹽度變化。溫暖的表層混合帶，大約只占海水的2%；過渡帶包括斜溫層和斜密層，占海水的18%；深水層是冰冷且高密度的海水，占了80%。

在太陽加溫的混合帶下方，溫度隨著深度急劇下降（見圖 9.6），這個獨特的分層，介於溫暖的表層與冰冷的深層之間，稱為過渡帶。過渡帶包含了重要的斜溫層及斜密層，約占海水的 18%。

深水層位在過渡帶下方，陽光永遠照射不到，水溫僅略高於冰點，因此密度很大且維持定值。值得注意的是，深水層約占海水的 80%，足以顯示海洋的深邃無垠（海洋的平均深度超過 3,700 公尺）。

高緯度區的海水維持等溫和等密度，意思是溫度、密度不會隨深度快速改變，因此沒有三層結構。換句話說，在高緯度區，表層和深層的海水可以充分垂直混合，冰冷且又高密度的海水在表層形成後，下沉至深海，誘發深層海流，這在第 10 章會再進一步討論。

揭開海底神祕面紗

如果把海水從海洋盆地抽光，就能清楚看見海底多樣的地形特徵，像是寬廣的海底火山、海溝、遼闊的平原、線狀的山脈和大型的高原。事實上，海底地貌就像陸地地形一樣多變。

海床測繪

在英國皇家船艦挑戰者號進行為期三年半的航程之前（圖 9.10），複雜的海底地貌對人類還是個謎。這段歷史性的航程，在 1872 年 12 月啟航，1876 年 5 月結束，挑戰者號完成了全球首次完整的海洋研究。在 127,500 公里的航程中，多位科學家隨著船艦繞行每個大洋，只有北極海不在航程

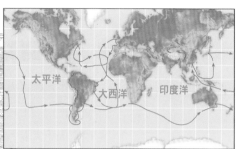

內。在整趟航程中，科學家蒐集了不同緯度、不同深度的海水樣本，一次次艱苦的在船邊垂降重錘線至海中取樣。隨後，橫跨大西洋的海底電報電纜鋪設成功，人類對深海地形地貌的認識，又再向前跨了一步。而隨著各種現代探測設備發展出來，我們對海底的瞭解更是不可同日而語。**測深學**就是測量海洋深度、描繪海底形貌的學問。

▶ 現代測深技術

如今，測深人員則是利用聲波能量來測量海底深度，最基本的方法是採用**聲納**。二十世紀初期，有了第一個利用聲音來測量水深的儀器設備，稱為**回聲測深儀（或回聲儀）**。回聲儀將聲波（稱為音源）傳入水中，只要聲波碰到物體，不論是大型海洋生物或是海床，就會產生一個回波（圖9.11A），再由一組靈敏的接收器，截取從海底反射回來的回波，並以時鐘精確測量聲波傳遞的時間。知道了水中的聲速（約為每秒 1,500 公尺），以及聲波抵達海底與返回的時間，就能計算出水深。像這樣繼續不斷監測回波、然後算出深度值，就能繪製出海底的縱剖面，把數個相鄰地區的剖面橫貫整合起來，一張海底地貌圖就完成了。

二次世界大戰之後，美國海軍發展出**側掃聲納**，用來搜尋航道上布放的水雷。船艦可以拖著這些魚雷外型的儀器，沿途發出扇狀的聲波。研究人員把這些側掃聲納蒐集到的資料彙整起來，就做出了第一份圖像式的海床影像。不過，雖然側掃聲納可以綜觀海床的樣貌，卻無法提供海洋水深資料。

你知道嗎？

在英國和美國，海水深度經常用噚（fathom）這個英制單位來表示，1 噚等於 1.8 公尺，大約等於一個人雙臂伸展開來的距離。fathom 這個詞的起源，與水手用手將測深繩拉回船上的動作有關；拉回繩子的時候，會有一位水手負責數算一共拉了幾個手臂的長度。只要知道這名水手的手長，就能算出拉回了多長的繩子，也就是水深。後來 1 噚的長度定為 6 英尺。

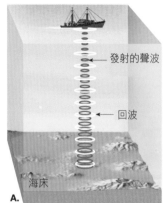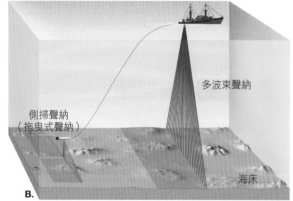

圖9.11 不同類型的聲納。
A. 回聲測深儀利用聲波在船身和海底之間往返的時間間隔，推算出水深。聲音在水
　 中的速率是每秒1,500公尺，因此水深＝½（1,500 m/s × 回波的行進時間）。
B. 現代的多波束聲納和側掃聲納，每隔幾秒就會接收到一條帶狀海底「影像」。

　　1990 年代，隨著高解析度的多波束測深儀的發明，上述的缺點就解決
了。這些測深系統將聲源裝置安裝在船殼上，一樣透過扇狀的發散方式送
出聲波，然後利用一組多角度但狹帶對焦的接收器，記錄反射波的時間。
相較於每隔幾秒記錄單點的水深資料，這項技術讓海洋研究船可以一次記
錄幾十公里寬的帶狀海床地形資料（圖 9.11B）。這些系統可以蒐集到高解
析度的水深測量資料，相差不到 1 公尺的差異都有辦法呈現出來。海洋研
究船利用多波束聲納繪製區域海床圖時，會像「修剪草坪」一樣規律的來
回移動。

　　雖然這樣的技術更有效率又詳盡，但配有多波束聲納的研究船每小時
只能航行 10 至 20 公里。想測繪完所有的海床，至少要出動 100 艘研究船、

耗費數百年的時間，才能完成，這也解釋了為何至今只有 5% 的海床完成細部測繪，而大多數區域根本還沒有經過聲納測繪。

震波反射剖面

　　海洋地質學家也有興趣瞭解覆蓋在海底沉積物下方的岩石結構，於是運用**震波反射剖面**來取得資料。為了建置剖面資料，要先利用爆破（深水炸彈）或空氣槍，製造強勁而低頻的聲音，聲波穿透海床，遇到岩層交界面和**斷層帶**後，再反射回來。圖 9.12 所繪的，是大西洋東部馬迪拉深海平原（Madeira Abyssal Plain）的震波反射剖面；此處的海床雖然看似平坦，但厚厚的沉積物下方，其實隱藏了不規則起伏的海洋地殼。

圖9.12　大西洋東部馬迪拉深海平原局部的震波反射剖面與對應的地質草圖，顯示出在沉積物下方，埋藏不規則起伏的海洋地殼。
（資料來源：Charles Hollister, Woods Hole Oceanographic Institution）

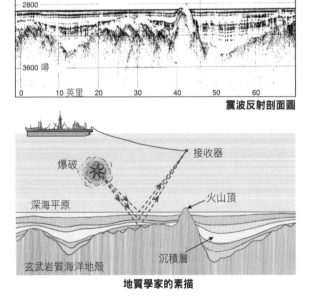

太空遙測

　　從外太空觀測海洋表面的形貌變化，是另一項技術突破，讓我們對海底地貌有更進一步的瞭解。海浪、潮汐、洋流和大氣效應互相抵消之後，可以清楚看見海面並不是一片平坦，這是因為重力將海水向下拉，覆蓋在海床之上，所以，海底山脈和洋脊上方的海面會相應隆起，峽谷和海溝則讓海面形成微微下陷的區域。配備雷達高度計的衛星，可藉由微波反射海面的資訊，量測出這些細微的高度差異（圖 9.13）。這些儀器可以量測到小至幾公分的變化，讓我們更加瞭解海床地形。若再結合傳統的聲納水深資料，就能繪製出詳盡的海床圖，如圖 9.14 所示。

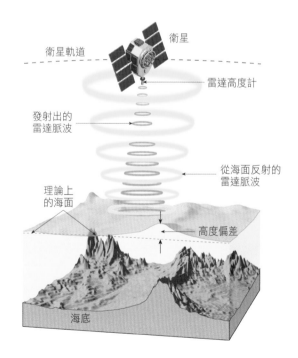

衛星軌道
衛星
雷達高度計
發射出的
雷達脈波
從海面反射的
雷達脈波
理論上
的海面
高度偏差
海底

圖**9.13**　海洋表面因為重力而形似海床的起伏外形，衛星雷達高度計可以量測出海面的這種高度變化。圖中的海面偏差，是指實際測得的海面與理論海面之間的落差。

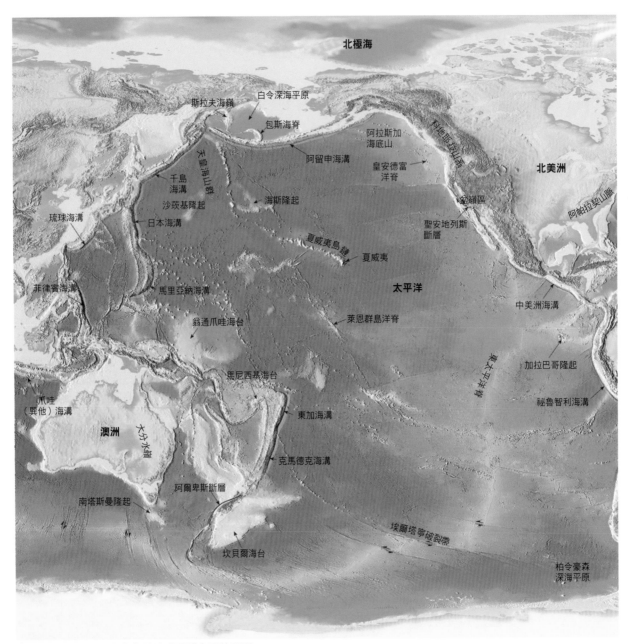

圖9.14 這張地圖畫出了地球固體表面的地形。

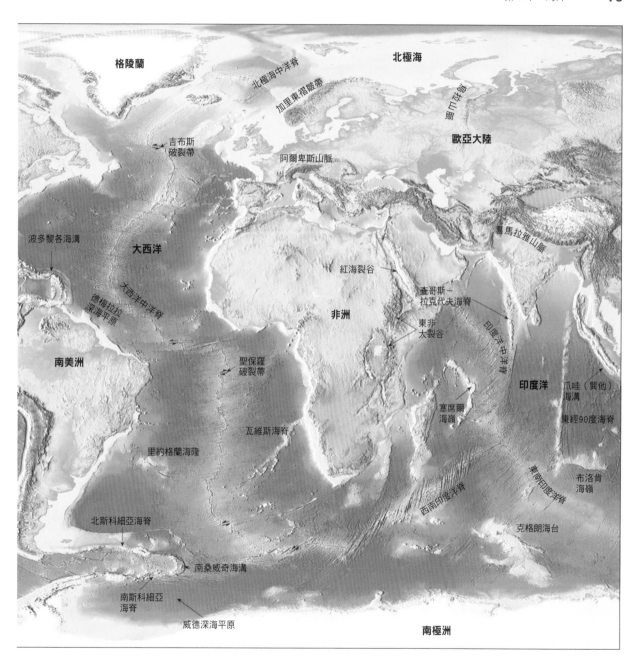

格陵蘭

北極海

北極海中洋脊

加里東褶皺帶

喀拉斯汀海嶺

歐亞大陸

吉布斯
破裂帶

阿爾卑斯山脈

波多黎各海溝

大西洋

喜馬拉雅山脈

紅海裂谷

查哥斯－
拉克代夫海脊

德梅拉拉
深海平原

大西洋中洋脊

非洲

東非
大裂谷

印度洋中洋脊

南美洲

聖保羅
破裂帶

印度洋

爪哇（巽他）
海溝

東經90度海脊

塞席爾
海嶺

瓦維斯海脊

里約格蘭海隆

布洛肯
海嶺

西南印度洋脊

東南印度洋脊

北斯科細亞海脊

克格朗海台

南桑威奇海溝

南斯科細亞
海脊

威德深海平原

南極洲

海底的地形區

海洋學家將海底地形分成三大地形區：大陸邊緣、深海盆地、洋脊（中洋脊）。

圖 9.15 描繪了北大西洋的三大地形區，圖下方的地形剖面圖則顯示出多變的海底地形。這一類的剖面圖通常會放大縱軸刻度單位（圖 9.15 是放大了 40 倍），讓地形特徵更為明顯，但放大縱軸刻度單位，會讓地形坡度比實際上陡峭得多。

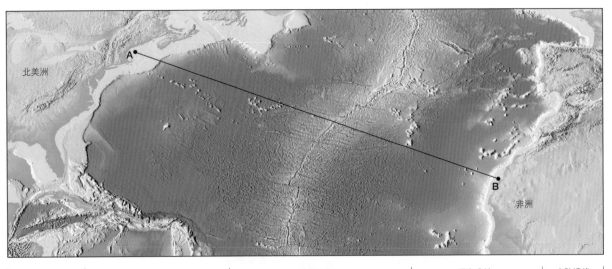

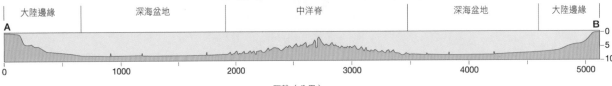

大陸邊緣

　　大陸邊緣分為不活動（被動）和活動兩種類型。不活動大陸邊緣位在大西洋沿岸，包括南、北美洲的東部海岸，以及非洲西部和歐洲的沿岸。不活動大陸邊緣沒有活躍的板塊邊界活動，因此很少有火山作用和地震的干擾。來自鄰近陸塊的風化物質，在此堆積，形成厚厚一層相對穩定的沉積物。

　　相反的，活動大陸邊緣與海洋板塊在陸地邊緣隱沒的位置有關，是一個相對狹窄的邊緣，從隱沒板塊刮除下來的沉積物嚴重變形，堆滿鄰近陸地的邊緣。活動大陸邊緣主要位在環太平洋帶，大致與海溝的位置平行。

▶ 不活動大陸邊緣

　　不活動大陸邊緣的地形特徵包括大陸棚、大陸坡和大陸隆起（圖 9.16）。

大陸棚

　　大陸棚是一片隱沒在海面下方的緩坡，從濱線向外延伸至深海盆地。因為下方是大陸地殼，所以大陸棚明顯是由陸地沉積物沖積而成。各地大陸棚的寬度相異甚大，有的陸地邊緣幾乎沒有大陸棚存在，但是也有寬達 1,500 公里的大陸棚。平均來說，大陸棚約 80 公里寬，陸棚邊緣約在海平面以下 130 公尺深，平均傾斜度約只有 0.1 度，也就是每公里下降 2 公尺，坡度之小，會讓人誤以為是水平的。

　　大陸棚的面積約占整體海洋的 7.5%，因為含有重要的礦物沉積物，包

括含量豐富的石油和天然氣，以及大量的砂礫沉積物，因此在經濟和政治上非常重要。大陸棚的海域也擁有許多重要的漁場，是不可或缺的食物來源。

相對而言，大陸棚地形單調，不過，部分地區因為冰河沉積物覆蓋，因而崎嶇不平。此外，有些大陸棚被大型河谷切割，從海岸線一路延伸至深海。許多陸棚谷地是鄰近陸地大河的延伸，自更新世（冰河期）開始形成，當時有大量的水儲存在覆蓋陸地的廣袤冰原裡，導致海平面下降 100 多公尺，露出大範圍的大陸棚（請見第 2 冊第 4 章的圖 4.17）。因為海平面下降，河道就繼續延伸，陸棲動植物也遷移至這片新生地上。

大部分的大陸棚與不活動大陸邊緣有關，例如美國東岸的大陸棚，就

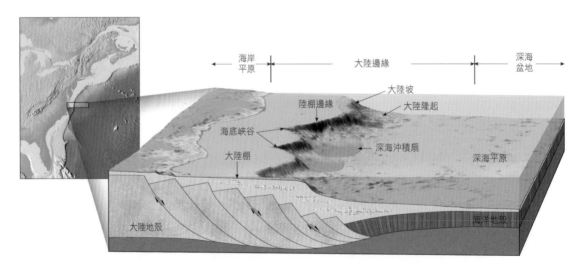

圖9.16　不活動大陸邊緣主要地形示意圖。請留意，圖中的大陸棚和大陸坡的坡度已被極度誇大。大陸棚的平均坡度是0.1度，而大陸坡的平均坡度約為5度。

堆積了厚厚的淺水沉積物，通常厚達好幾公里，中間夾雜著珊瑚礁形成初期製造的石灰岩層，這種岩層只會出現在淺水海域。這些證據讓研究人員得以推斷，這些厚厚的沉積物，是在緩慢沉降的大陸邊緣堆積而成的。

大陸坡

　　大陸棚邊緣繼續往海延伸的斜坡，則是**大陸坡**，地勢比大陸棚稍微陡斜，標示出大陸地殼和海洋地殼的交界處（圖 9.16）。大陸坡的傾斜度因地而異，平均坡度約為 5 度，最大可超過 25 度。此外，大陸坡的範圍相對狹窄，平均只有 20 公里寬。

大陸隆起

　　在沒有海溝的區域，陡峭的大陸坡邊緣就轉變成較平緩的斜坡，稱為**大陸隆起**。此處的坡度降為 1/3 度，也就是每公里下降約 6 公尺。相對於大陸坡平均只有 20 公里寬，大陸隆起卻可能延伸數百公里，連接到深海盆地。

　　大陸隆起是由從大陸棚往海床堆積的沉積物所組成的。大多數的沉積物是透過濁流，沿著海底峽谷運送到大陸坡底端（稍後會再說明）。這些泥稠的水流，在相對平坦的峽谷河口沖積出**深海扇**（圖 9.16）。隨著鄰近海底峽谷的沖積扇持續發育，就會在大陸坡底端，匯聚成一片連綿不斷的沉積裙，也就是我們所說的大陸隆起。

海底峽谷和濁流

　　陡峭的**海底峽谷**縱切進大陸坡，有的會繼續切過大陸隆起，一路延伸至深海盆地（圖 9.17）。雖然看起來像是陸上河谷向海裡的延伸，但大多數的海底峽谷並非如此。此外，海底峽谷往下延伸的深度，遠遠深於冰河期

海平面下降量的最大值，因此不能將成因歸給河川侵蝕。

　　這些海底峽谷，可能是由濁流切割造成的。**濁流**是指帶著大量沉積物的濃稠海水向下坡流動，成因是大陸棚與大陸坡的泥沙被攪起而懸浮。這些帶有大量泥沙的海水，密度大於一般的海水，所以會像塊狀物滾落，沿途侵蝕，並且帶出更多沉積物。泥狀洪流帶來的侵蝕作用反覆發生，目前認為是切割出大部分海底峽谷的主要營力。

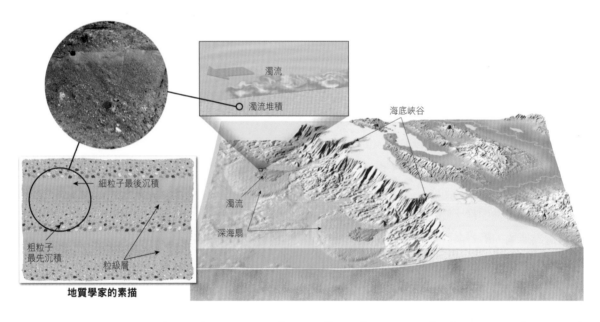

圖9.17 濁流是指挾帶大量沉積物的濃稠海水向下坡流動，成因是大陸棚與大陸坡的泥沙被攪起而懸浮。這些帶有大量泥沙的海水，密度大於一般海水，所以會沖刷而下，沿途侵蝕，並且帶出更多沉積物。濁流是造成海底峽谷的重要營力。濁流形成的沉積層稱為濁流層。每一次沖積形成的沉積層，特徵是沉積物的顆粒粗細由下往上遞減，也就是所謂的粒級層。（Photo by Marli Miller）

　　濁流通常發源於大陸坡，穿過大陸隆起，持續向下切割。到最後，動量消失，就會沿著深海盆地的表面停歇下來。隨著濁流放慢，懸浮的沉積物開始沉積，起先是較粗的沙粒落地，接著是愈來愈細的淤沙，最後是黏土。這些沉積層稱為濁流層（或濁流岩），顆粒粗細由下層往上層遞減，這種構造現象稱為粒級層理。

　　濁流是海洋中運送沉積物的重要機制，藉由濁流的作用，海底峽谷形成了，沉積物也被帶至深海底。

活動大陸邊緣

　　沿著活動大陸邊緣，如果有大陸棚的話，寬度一定非常狹窄，而且大陸坡會急劇沉降為海溝。在這種情況下，海溝的靠陸地側，地形特徵會和大陸坡相同。

　　活動大陸邊緣主要分布在太平洋的邊緣，也是海洋板塊向陸地下方隱沒的交界處（圖 9.18）。在這樣的地帶，海底的沉積物和海洋地殼的碎屑，會從隱沒的板塊被刮下來，沿著鄰近的陸塊邊緣堆積。像這樣由變形沉積物及海洋地殼碎屑胡亂組成的堆積物，稱為增積楔形體（見第 2 冊第 6 章的圖 6.35 和圖 6.39）。隨著板塊持續隱沒，海溝向陸側的沉積物愈堆愈多，在活動大陸邊緣就會形成大片的沉積層。

　　有一些隱沒帶幾乎沒有任何堆積物，代表海洋沉積物被隱沒的板塊一併帶入地函，因此這些地帶的大陸邊緣非常狹窄，而海溝距離岸邊可能就只有 50 公里遠。

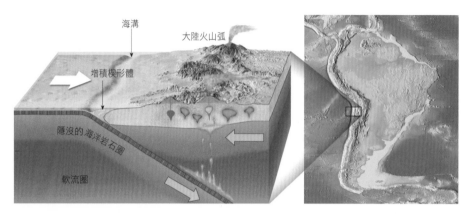

圖9.18　活動大陸邊緣。從隱沒板塊刮下來的海底沉積物，堆積到鄰近的大陸地殼，成為增積楔形體。

 深海盆地

　　在大陸邊緣和洋脊之間，是**深海盆地**（見圖 9.15），這個區域的面積約占地球表面的 30%，大致與陸地面積相近。這個區域包括海底極為深陷且呈線狀分布的海溝、非常平坦的深海平原、稱為海底山的高聳海底火山，以及由熔岩流層層堆積出的大面積海底高原。

你知道嗎？

1960 年 1 月，美國海軍上尉華爾希（Don Walsh）和探險家皮卡德（Jacques Piccard），下潛至位於馬里亞納海溝的「挑戰者深淵」底部。從海面出發超過五小時之後，他們抵達 10,912 公尺深的海底，這項人類下潛深度紀錄，迄今尚未被打破。

海溝

海溝是綿延且相對狹窄的海底深谷，是海洋最深的區域。大多數的海溝位在太平洋邊緣，其中有許多深度超過 10,000 公尺（見圖 9.14）。馬里亞納海溝的挑戰者深淵（Challenger Deep），已測得深度是海平面以下 11,022 公尺，是目前已知的海洋最深處。大西洋裡只有二處海溝，那就是波多黎各海溝和南桑威奇海溝（South Sandwich Trench）（見圖 9.14）。

雖然海溝僅占海底地形的一小部分面積，卻是非常重要的地質特徵。海溝位在板塊聚合的發生地點，海洋岩石圈在此處向下隱沒至地函。當其中一個板塊從另一個板塊下方「擦身而過」時，除了引發地震，也會促成火山活動。因此，海溝通常與弧狀分布的海底活火山（稱為**火山島弧**）平行。此外，**大陸火山弧**（譬如形成南美洲安地斯山脈和海岸山脈的那些火山弧）也與臨近大陸邊緣的海溝平行（見圖 9.18）。環繞太平洋海盆周圍的海溝，都與火山作用有關，這正是此區域被稱為環太平洋火山帶（Ring of Fire）的原因。

深海平原

深海平原這種海底地形，位處海洋深處，而且極為平坦；事實上，它大概是地球上最平坦的區域了。以阿根廷外海的深海平原為例，綿延超過 1,300 公里，但地勢起伏不到 3 公尺，只有一座被沉積物深埋的海底火山突起，其餘就是一片單調無變化的平原地形。

利用訊號足以穿透海床的震波反射剖面儀，研究人員發現深海平原是一片厚厚的沉積物，底下埋藏了全然不同的崎嶇地形（見圖 9.12）。沉積物的種類，可顯示深海平原大多是濁流從遠方帶來的沉積物堆積而成的。

世界各大洋都有深海平原。不過，因為大西洋不像太平洋有那麼多海溝，可以充當大陸坡底部的沉積槽，因此深海平原的面積遠超過太平洋的深海平原。

▶ 海底山、海桌山和海底高原

散布在海底的火山，又稱為**海底山**，高度有的比周遭地形高出數百公尺，數量估計約有上百萬座。有些海底山因為持續噴發，體積漸增，逐漸形成海島，但大多數的海底山噴發難以長久，無法累積成露出海平面的構造。雖然各大洋都有海底山，仍以太平洋的數量最多。

少部分的海底山，在火山熱點上方形成（熱點的形成又與地函柱有關），最好的例子，就是從夏威夷群島延伸至阿留申海溝的夏威夷島鏈和天皇海山群（見第 2 冊第 5 章的圖 5.20）。其他的海底山，則在洋脊附近形成。如果在板塊運動將火山帶離岩漿源之前，火山體積已經夠龐大，就有可能形成島嶼，露出海面，例如大西洋裡的亞述群島、亞森欣島、垂斯坦昆哈群島和聖赫勒納島。

在火山發育成島嶼之後，高度可能因為風化和侵蝕，而降低到接近海平面。此外，隨著板塊運動緩慢將這些火山島帶離誕生地的洋脊或熱點，島嶼會慢慢沉降，消失在海面下，形成沉降且頂部平坦的海底山，這稱為**平頂海底山或海桌山**。

海底也有幾個大型的**海底高原**（或稱海台），就像陸地上的洪流玄武岩區。部分海底高原的厚度超過 30 公里，由大量湧出的玄武熔岩流組成。相較於漫長的地質年代，有些海底高原算是快速形成，譬如西太平洋的翁通爪哇海台，形成時間不到 300 萬年，而南印度洋的克格朗海台（Kerguelen Plateau）則歷時 450 萬年。

洋脊

　　沿著發展良好的張裂型板塊邊界，海底地形略微抬升，形成一條線狀分布的寬廣隆起，稱為洋脊或中洋脊。目前對洋脊系統的認識，來自各種海洋研究，像是海床探測、海底岩芯樣本、利用深海潛航器來進行觀察，甚至是直接研究大陸碰撞期間，擠入陸塊裡的海底岩石碎片。在洋脊附近，可以發現大範圍的斷層作用、地震、高溫熱流和火山活動。

▌剖析洋脊

　　洋脊系統貫穿全球各大洋，就像棒球上的縫線，而且是地球上最長的地形特徵，綿延超過 70,000 公里（圖 9.19）。洋脊的峰頂通常比周邊深海盆地高出約 2 至 3 公里，也標示出了新海洋地殼形成的板塊邊界位置。

　　圖 9.19 中，大部分的洋脊系統都依所在的海洋盆地來命名。有幾個貫穿海盆中央的洋脊，可稱為中洋脊，例如大西洋中洋脊和印度洋中洋脊。相反的，東太平洋脊（東太平洋隆起）的位置不在海洋中間，而是正如其名，位在太平洋東部，離海洋中央甚遠。

　　「脊」這個詞多少讓人產生誤解，以為洋脊這種地形狹長又陡峭，其實洋脊有 1,000 至 4,000 公里這麼寬，形狀像是寬廣、拉長的隆起，地勢崎嶇不平。此外，洋脊系統也斷裂成許多小段，長度從數十公里至數百公里不等，每一段之間隔著一個轉形斷層。

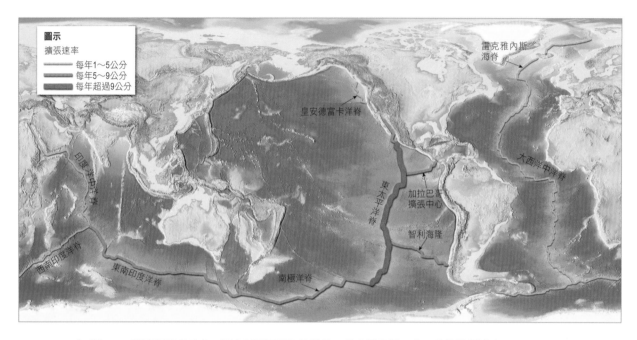

雷克雅內斯
海脊

皇安德富卡洋脊

大西洋中洋脊

印度洋中央洋脊

東太平洋脊

加拉巴哥
擴張中心

智利海隆

西南印度洋脊

東南印度洋脊

南極洋脊

//// **圖9.19** 洋脊系統的分布。圖中以不同顏色的線條，代表洋脊慢、中、快的擴張速率。

　　洋脊的高度與陸地上的山脈相似，但這是唯一相似處。大部分的陸地山脈，形成原因與大陸碰撞堆疊、沉積岩變質加厚等擠壓作用力有關，而洋脊則是在地函湧升流產生新海洋地殼的位置形成。從熾熱地函岩石新生成的玄武岩漿，往上湧升、冷卻、層層堆疊，就形成了洋脊。

　　部分洋脊的中軸線上，有深陷的地質構造，斷層特徵與東非大裂谷極其相似，因此也稱為**裂谷**（圖 9.20）。有的裂谷，譬如沿著崎嶇的大西洋中洋脊的那些裂谷，寬約 30 至 50 公里，壁面高度離谷底約 500 至 2,500 公尺，幾乎可以跟美國大峽谷裡最深最寬的峽谷相匹敵了。

為什麼洋脊會抬升？

　　洋脊系統地勢抬升的主要原因，在於新生成的海洋岩石圈比深海盆地的岩石來得高溫，因此密度比冷卻的岩石來得小。當新生成的玄武岩質地殼，從洋脊頂端向外移動，一方面會因為循環的海水從極區帶來冷水，讓岩石內部收縮破裂，慢慢由上而下冷卻，另一方面，也因為愈來愈遠離熾熱的地函湧升區，於是冷卻。因此，新生的海洋岩石圈漸漸冷卻、收縮，且密度變大。這類熱收縮的作用，解釋了為何在遠離洋脊的地方深度會更深。岩石從抬升的洋脊系統移動至深海盆地，需經過差不多 8,000 萬年來冷卻和收縮。

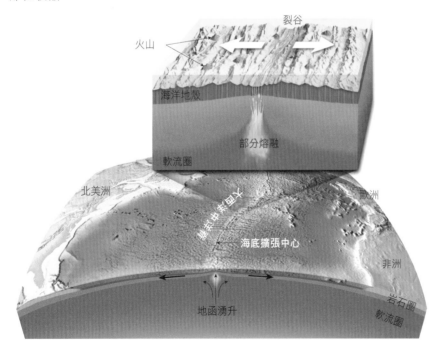

圖9.20　有一些洋脊的中軸線上，有深陷的斷層構造，稱為裂谷。有些裂谷可能超過50公里寬、2,000公尺深。

你知道嗎？

加利福尼亞灣（當地的墨西哥人稱它為科提茲海）在過去 600 萬年間，因海底擴張而形成。這個 1,200 公里長的海盆，座落在墨西哥本土西岸和下加利福尼亞半島之間。

海底沉積物

除了大陸坡和中洋脊頂端附近的陡峭區域之外，海洋底部都覆蓋著沉積物。部分沉積物是由濁流帶來的，其餘則是從海洋上層慢慢沉降在海床上。各地沉積物的厚度差異甚大。有些海溝地區，彷彿大陸邊緣的沉積物蒐集箱一般，累積厚度可能多達 10 公里，不過一般而言，海底沉積物的累積量其實不多。以太平洋為例，尚未壓實的沉積物厚度最多大約有 600 公尺，而大西洋海底沉積物的厚度則介於 500 至 1,000 公尺。

海底沉積物的類型

海底沉積物依照生成來源，可分為三大類：（1）**陸源**（來自陸地的）、（2）**生物源**（來自生物的）、（3）**水成**（來自水中的）。雖然在此是將每一類分開說明，但請謹記，所有的海底沉積物都是混合物，沒有任何一處的沉積物只有單一來源。

陸源沉積物

　　組成陸源沉積物的主要物質，是從陸地岩石風化的礦物粒子。較粗的粒子（沙子及礫石）通常很快就會在海岸附近沉澱，而非常細的粒子則要耗費數年才會沉澱至海底，甚至被洋流帶到幾千公里之外，因此，海洋各處幾乎都會接收到一些陸源沉積物。只不過，陸源沉積物在深海底部的累積速率非常緩慢，例如形成 1 公分厚的深海黏土層，需經過五萬年；相反的，在靠近大河河口的大陸邊緣，陸源沉積物可快速累積，並形成厚厚的沉積物。

生物源沉積物

　　生物源沉積物則由海洋動物與藻類的甲殼和骨骼組成（圖 9.21）。這類碎屑的主要製造者是微生物，這些微生物棲居在可受到陽光照射的表層海水裡。這些生物一旦死亡，硬殼會持續像下雨一般，紛紛沉到海底。

　　最常見的生物源沉積物是石灰質（$CaCO_3$）軟泥，正如其名，這種沉積物如同厚泥層一般黏稠。

　　當生物的石灰質硬殼緩緩下沉，通過溫度較低的海水，硬殼就開始溶解，這是因為寒冷的深海裡含有較多二氧化碳，酸度比溫暖的海水來得高。下沉到超過 4,500 公尺深的時候，如果還沒抵達海底，石灰質甲殼會完全溶解，所以石灰質軟泥並不會在這麼深的海底沉積。

　　其他的生物源沉積物，包括矽質（SiO_2）軟泥和富含磷酸鹽的物質。前者主要是由矽藻（單細胞藻類）和放射蟲（單細胞動物）的外殼組成，而後者則是來自魚類及其他海洋生物的骨頭、牙齒和鱗片。

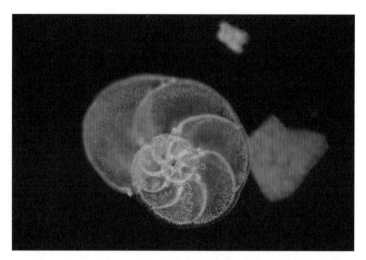

圖9.21　有孔蟲（foraminifera）外殼在電子顯微鏡下的影像，這正是一種生物源沉積物。這些微小的單細胞生物，只要有一點點的溫度變化，都非常敏感。含有這類化石的海底沉積物，記錄了氣候變遷的有用資訊。（Photo by Comstock Images/ Thinkstock）

水成沉積物

水成沉積物的成分，是透過各種化學反應直接從海水中結晶形成的礦物。舉例來說，有些石灰岩是碳酸鈣直接從海水沉澱形成的（不過，大部分的石灰岩仍是由生物源沉積物組成）。

常見的水成沉積物包括以下幾種：

● 錳核（manganese nodule）：一種又圓又硬的團塊，中心是火山礫石或砂粒，外圍層層包覆著錳、鐵等金屬。錳核的直徑可達 20 公分，通常散落在深海海底（圖 9.22A）。

● 碳酸鈣（calcium carbonate）：在氣候溫暖的海水中直接沉澱形成。這種
　物質如果被掩埋、硬化，就會形成石灰岩。

● 金屬硫化物（metal sulfide）：通常見於中洋脊上「黑煙囪」附近的岩石
　表層（圖 9.22B），這些沉積物含鐵、鎳、銅、鋅、銀等金屬，比例不
　一。

● 蒸發鹽（evaporite）：通常位在蒸發速率快、且與外海缺乏流通的地
　區。當海水蒸發，溶解的礦物在剩餘海水中的濃度逐漸達到飽和，就
　開始沉澱，又因為比海水重，於是會沉至海底，或是在這些地區的沿
　岸形成獨特的白色蒸發礦物鹽，統稱為鹽類；有些嚐起來有鹹味，如

A.

B.

圖9.22 水成沉積物的例子。

A. 錳核。（Photo by Sven Teschke/wiki）

B. 這張照片是艾文號（Alvin）深海潛水器下潛至東太平洋脊，所拍攝到的海底熱泉噴出景象。
　當高溫的熱液遇上冰冷海水，金屬硫化物就開始沉澱析出，在這些海底熱泉噴出口（黑煙
　囪）周圍形成礦物鹽堆。（Photo by Dudley Foster © Woods Hole Oceangraphic Institution）

岩鹽（餐桌上常用的鹽，NaCl），有些不會，如硫酸鈣類的硬石膏（$CaSO_4$）和石膏（$CaSO_4 \cdot 2H_2O$）。

▶ 海底沉積物──氣候資料的儲藏庫

可靠的氣候資料最多只能回溯一、二百年，那麼科學家要怎麼得知更早之前的氣候及氣候變遷呢？答案就是：從間接證據重建出歷史氣候資料，換言之，科學家必須分析那些和大氣變化有關的現象。而在地球氣候變遷史的分析當中，最有趣、也最重要的技術，就是研究海底沉積物。

我們都知道，組成地球系統的各部分彼此相連，因此任何一部分發生了改變，都會造成其他部分的改變。接下來的例子是在說明，大氣和海洋的溫度變化，如何反映在海洋生物的特性上。

大部分的海底沉積物，都含有曾生活在海洋表層（海、氣界面）的生物的遺骸。這些生物死亡後，外殼慢慢沉降至海底，就成為沉積紀錄的一部分。棲息在海洋表層的生物種類及數量，會因為氣候變化而異，所以海底沉積物便成為研究全球氣候變遷的有用工具：

> 我們假設表層海水的年平均溫度，因為地處海洋與大氣的交界，應該大致與附近大氣的年均溫相近。表層海水與上方空氣之間達到溫度平衡，代表……氣候變化應該會反映在海洋表層生物的改變上……只要想到，廣大海域的海底沉積物主要是由遠洋有孔蟲的外殼組成，而這些生物對水溫變化非常敏感，那麼海底沉積物與氣候變化之間的關連，就顯而易見了。[*]

[★] Richard F. Flint, *Glacial and Quaternary Geology* (New York: John Wiley and Sons, 1971), p.718.

圖9.23　以日文發音命名的地球號（Chikyu），隸屬於「國際整合海洋鑽探計畫」（IODP），是世界最先進的科學鑽探船，可以長時間停留在定點，進行深海鑽探。（Photo by kayakaya/Flickr）

因此，為了瞭解氣候變化和其他的環境變遷，科學家正試圖解讀龐大的海底沉積物資料庫。海底鑽探船和其他研究船蒐集來的沉積物岩芯，提供了珍貴無比的資料，擴展我們對過往氣候變化的認識與理解（圖 9.23）。

生物棲息在海底熱泉噴出口（俗稱黑煙囪）的周圍，在這個硫含量豐富的陰暗高溫環境中，光合作用無法進行（圖 9.22B）。處於食物鏈底層的，是類似細菌的生物，牠們利用所謂的化學合成作用和來自熱泉的熱能，來產生糖分及其他食物，讓自己和其他生物得以在這個極端的環境下存活。

你知道嗎？

　　海底沉積物對於瞭解氣候變化方面，是十分重要的，最著名的例子，就是揭開冰河期大氣條件劇變的祕密。海底沉積物岩芯記錄的溫度變化資料，已然是我們瞭解近代地球史的關鍵。

■ 海洋學是跨領域的學門，需要用到生物學、化學、物理學和地質學的理論方法及知識，才能涵蓋全球海洋的各個層面。

■ 地球是一顆由海洋主宰的行星，表面有 71% 是海洋和緣海。南半球通常被稱為水半球，海洋覆蓋比例達 81%。在太平洋、大西洋和印度洋三大洋當中，面積最大的是太平洋，超過全球海洋面積總和的一半，也是平均深度（3,940 公尺）最深的海洋。

■ 鹽度是溶解鹽類對純水的比例，通常用千分比（‰）表示。開闊海域的平均鹽度約在 35‰ 至 37‰。促成海水鹽度的主要元素是氯（55%）和鈉（31%）。海鹽中的元素來源，主要是陸地岩石的化學風化作用以及火山的釋氣作用。

■ 海水鹽度的變動，主要來自於水量的變化。會有大量淡水加入而降低海水鹽度的自然作用，包括降雨、陸地逕流、冰山融化及海冰融化。會有大量淡水移除而增加海水鹽度的自然作用，則包括海冰形成和蒸發作用。開闊海域的海水鹽度變化，大約介於 33‰ 至 38‰ 之間，部分緣海的鹽度變動範圍可能更為劇烈。

■ 海洋表層溫度與接收到的總太陽能有關，而且會因緯度而異。低緯度區的表層海水相對溫暖，深層海水明顯較冷，因此產生了溫度快速變化的斜溫層（溫度躍層）。高緯度區沒有斜溫層，因為表層與深層的溫度差異不明顯，也就是維持等溫。

■ 海水密度主要受溫度影響，也受鹽度變化影響。低緯度區的深海（溫度較低），密度明顯大於表層海水，於是形成密度快速變化的斜密層（密度躍層）。高緯度區沒有斜密層，因為整個水層是等密度的。

■ 多數開闊海域可依據海水密度，區分成三層式結構。(1) 表層混合帶，海水溫暖，溫度幾乎是均勻的。(2) 過渡帶包括一層明顯的斜溫層和相應的斜密層。(3) 深水層則是一片黑暗、寒冷，占整體海水的 80%。高緯度區則沒有三層式結構。

■ 海水深度測量是利用回聲測深儀與多波束聲納，蒐集從海底反射回來的訊號。裝在船殼上的接收器，記錄反射的回波，精準量測出訊號之間的時間間隔。利用這些資訊，即可算出海洋深度，還可依此畫出海底地形圖。近來的海面衛星遙測，對於海底地形測繪，也大有貢獻。

■ 不活動大陸邊緣的地形特徵包括大陸棚（從濱線向深海盆地方向一路沉降的緩坡）、大陸坡（大陸的最邊緣，也就是從大陸棚繼續延伸到深海的陡坡），而在沒有海溝的區域，陡峭大陸坡慢慢轉變成的緩坡，稱為大陸隆起。組成大陸隆起的，是順著大陸棚往海底運送的沉積物。

■ 海底峽谷是深邃、壁面陡峭的谷地，源頭位於大陸坡，有時會延伸至深海盆地。許多海底峽谷是由濁流（富含沉積物的高密度海水向下流動）切割而成的。

■ 多數的活動大陸邊緣分布在太平洋盆地邊緣，是海洋岩石圈向陸地下方隱沒之處。從下沉海洋板塊刮下的沉積物，沿著大陸邊緣堆積，會形成增積楔形體。位在活動大陸邊緣的大陸棚，通常非常狹窄，隨即下探至海溝。

■ 深海盆地位在大陸邊緣和中洋脊系統之間，地形特徵包括海溝（海洋最深處，也是板塊向地函隱沒的位置）、深海平原（由厚厚沉積物堆積出的非常平坦區域，覆蓋在沉積物下方的，是由濁流切割成的崎嶇地形）、海底山（原先在中洋脊附近生成、或是由火山熱點生成的火山，孤立的散落在海底），還有海底高原（由玄武熔岩流堆疊而成的大片高地）。

■ 洋脊（中洋脊）在大多數的海洋盆地中間蜿蜒穿越。在這個寬廣的地形中央，正是海底擴張的發生之處，特徵是抬升的地勢、大範圍的斷層作用，以及新生海洋地殼上的火山構造。與洋脊有關的地質活動，多數發生在洋脊頂端的狹長區域內，稱為裂谷，這裡正是岩漿湧升、冷卻形成新的片狀海洋地殼之處。

■ 海底沉積物共有三大類型。陸源沉積物的主要組成物，是陸地岩石風化後搬運至海洋的礦物粒子；生物源沉積物是由海洋動、植物的甲殼與骨骼遺骸組成的；水成沉積物包括藉由化學反應、直接從海水中結晶而成的礦物鹽。

■ 研究全球氣候變遷時，海底沉積物可以提供有用的資訊，因為沉積物往往含有海水表層生物的遺骸。這些生物的數量及種類，會隨著氣候變化而改變，因此海底沉積物中的生物遺骸，記錄了這些氣候變化。

關鍵名詞解釋

大陸邊緣 continental margin 臨近陸地邊緣的海底地形，包括大陸棚、大陸坡和大陸隆起。

大陸棚 continental shelf 隱沒在海面下方的平緩斜坡，從濱線向外延伸至大陸坡。

大陸坡；大陸斜坡 continental slope 位於大陸棚的向海側邊緣，連接到深海底的陡峭斜坡。

大陸隆起 continental rise 大陸坡底端的平緩斜坡。

大陸火山弧 continental volcanic arc 因海洋岩石圈隱沒至陸地下方而引發的火山活動，形成一系列陸地上的火山群，例子包括安地斯山脈及海岸山脈。

不活動大陸邊緣 passive continental margin 有大陸棚、大陸坡和大陸隆起的大陸邊緣，與板塊邊界無關，因此幾乎沒有火山活動，也少有地震發生。

水成沉積物 hydrogenous sediment 由結晶自海水的礦物組成的海底沉積物。重要的例子為錳核。

火山島弧 volcanic island arc 鏈狀排列的火山島，通常距離海溝幾百公里遠，而海溝是海洋板塊隱沒至另一海洋板塊下方的活躍區。

生物源沉積物 biogenous sediment 由海洋生物遺留物質組成的海底沉積物。

回聲測深儀；回聲儀 echo sounder 利用聲源發射出及反射回的時間間隔，量測出海水深度的儀器。

活動大陸邊緣 active continental margin 位在海洋岩石圈隱沒處的陸地邊緣，範圍通常相當狹窄，由高度變形的沉積物堆積而成。

洋脊（中洋脊）oceanic (mid-ocean) ridge 海床上連綿不斷的抬升地形，遍布各大海洋盆地，寬度 500 至 5,000 公里不等。洋脊頂端的裂口代表張裂型板塊邊界。

海洋學 oceanography　研究海洋及海洋現象的科學。

海溝 (deep-ocean) trench　海底狹長的陷落地區,位於海洋板塊隱沒帶。

海底山 seamount　高出海床至少 1,000 公尺的孤立火山峰。

海底高原;海台 oceanic plateau　由熔岩流堆積而成的大面積海底高地,少數的厚度超過 30 公里。

海底峽谷 submarine canyon　海平面降低時,河谷向海延伸至大陸棚,而在大陸棚切出的深谷;或是濁流在外圍大陸棚、大陸坡和大陸隆起上切割出的峽谷。

海桌山 guyot; tablemount　沉降的平頂海底山。(guyot 這個字,命名自美國普林斯頓大學第一位地質學教授的姓氏,發音是「GEE-oh」──吉歐。)

深海平原 abyssal plain　非常平坦的洋底區域,通常位在大陸隆起的坡腳。

深海盆地 deep-ocean basin　大陸邊緣和洋脊之間的海底區域,約占整個地球表面的 30%。

深海(沖積)扇 deep-sea fan　大陸坡底端的錐狀沉積地形。

密度 density　特定物質在單位體積內的重量。

斜溫層;溫度躍層 thermocline　海洋中溫度垂直變化快速的水層。

斜密層;密度躍層 pycnocline　密度隨海洋深度快速變化的水層。

陸源沉積物 terrigenous sediment　來自陸地風化作用和侵蝕作用的海洋沉積物。

測深學 bathymetry　海洋深度測量與海底地形測繪的學問。

裂谷 rift valley　地殼發生張裂的區域。

震波反射剖面 seismic reflection profile　利用爆破(深水炸彈)或空氣槍製造聲波、再根據反射波來繪製出的剖面。

濁流 turbidity current　當大陸棚和大陸坡上的泥沙被攪起而懸浮,所形成的高密度、富含沉積物的水流。

聲納 sonar　利用聲音訊號(聲波能量)測量水深的儀器。原文 sonar 是 _so_und _na_vigation and _r_anging 的縮寫。

鹽度 salinity　鹽類溶解在純水中的比例,通常以千分比(‰)表示。

1. 海洋與陸地各占地球表面積的多少比例？請描述地球上的水陸分布。

2. 請說出四大海洋盆地的名字。請依四大海洋的特性，回答下列問題：

   a. 哪一個面積最大？哪一個最小？

   b. 哪一個深度最深？哪一個最淺？

   c. 哪一個幾乎全部位於南半球？

   d. 哪一個只位於北半球？

3. 請比較一下海洋的平均深度與陸地的平均海拔。

4. 鹽度的意義為何？海洋的平均鹽度是多少？

5. 溶解於海水的元素當中，以哪六種含量最豐富？假如其中兩種含量最豐富的元素結合，會出現什麼物質？

6. 海水中溶解的物質，主要是由哪二種來源供應？

7. 請描述影響海水鹽度的相關作用。針對每一種作用，請說明海水量是增加或是減少，以及是否影響到鹽度的增減。紅海的高鹽度海水，以及波羅的海的低鹽度海水，各自是在什麼樣的物理條件下造成的？

8. 請描述高、低緯度地區的海水溫度如何隨深度變化。為什麼高緯度區通常缺乏斜溫層？

9. 請描述高、低緯度地區的海水密度如何隨深度變化。為什麼高緯度區通常缺乏斜密層？

10. 請描述海水的分層結構。為什麼高緯度地區沒有三層結構？

11. 假設海水中的平均聲速是每秒 1,500 公尺，如果訊號自回聲測深儀送出、碰到海底再回到接收器，費時 6 秒，請問海水有多深？

12. 請描述繞行地球的衛星，如何在沒有實際下潛數公里直接觀測的情形下，判定海底的地形特徵。

13. 請列出不活動大陸邊緣的三大地形特徵。哪一個被認為是大陸沖積的延伸？哪一個坡度最陡？

14. 請描述活動大陸邊緣和不活動大陸邊緣的差異。答案必須包括各地形特徵與板塊構造的關連，並針對這兩種大陸邊緣各舉出一個地理案例。

15. 「切割過大陸坡和大陸隆起的海底峽谷，大多數形成於冰河期，是陸地河谷向海裡的延伸。」這段敘述對還是錯？你的理由是什麼？

16. 為什麼大西洋底的深海平原比太平洋底的深海平原寬廣？

17. 中洋脊和海溝，與板塊構造各有什麼關係？

18. 請區別海底沉積物的三種基本類型。

19. 為什麼海底沉積物有助於研究過去的氣候？

永不止息的海洋

留意以下的問題,
對掌握本章的重要觀念將相當有幫助:

1. 產生並影響海洋表層洋流的作用力有哪些?
2. 各大洋海盆中,表層洋流流動的基本模式為何?
3. 洋流如何影響氣候?
4. 哪兩個因素對海水的密度影響最大?
5. 有哪些因素會決定波浪的波高、波長及週期?
6. 波浪侵蝕的濱線地形有哪些?而由沿灘漂移、
   沿岸流帶來的沉積物所形成的海岸地形又有哪些?
7. 上升海岸和下沉海岸的差異為何?
8. 潮汐是如何形成的?

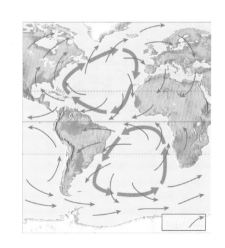

海水無止盡的持續運動，是受到許多作用力的驅動。舉例來說，風產生了表層洋流，影響沿岸氣候並提供養分，也為表層海水帶來豐富的藻類和其他海洋生物。風的吹拂也會製造波浪，波浪將能量從暴風區帶至遠方的海岸邊，造成沿岸陸地的侵蝕（圖 10.1）。部分海域會因為密度差異產生深層海流，是海水混合及養分交換的重要方式。此外，月球及太陽的引力引起潮汐變化，讓海平面有週期性的升降。本章將檢視這些海水運動方式，以及這些運動對沿岸地區的影響。

海洋的表層循環

洋流（海流）是大規模的海水運動，從一地流動至另外一地。流動的水量可多可少，而水流可能位在表層，也可能落在深海，形成的原因可以複雜也可以簡單。不過整體而言，洋流的形成皆涉及大量海水的運動。

表層洋流的成因，源自風吹過海面時產生的摩擦力。有一些表層洋流出現的時間較短，也只會影響小範圍的區域；這類型的海水運動，反映了區域性或季節性的影響。相較之下，其他的表層洋流，涵蓋範圍較廣、持續時間較為永久，這一類的表層海水大範圍水平運動，則與全球盛行風系統有緊密關連*。圖 10.2 的例子，說明信風帶和西風帶，如何讓大西洋海水出現大規模的環狀流動。相似的風帶，也影響了其他大洋的海水流動，因此太平洋及印度洋都見得到相同的洋流模式。基本上，表層海水的循環流

圖10.1 打向岸邊的海浪，有時威力驚人。
（Photo by iStockphoto/Thinkstock）

★ 關於全球風系的詳細介紹，請見第 4 冊第 13 章的圖 13.13。

動，符合全球風系的模式，但也同時強烈受到大面積陸地分布的影響。其
他影響表層洋流模式的因素，還包括重力、摩擦力，和科氏效應。

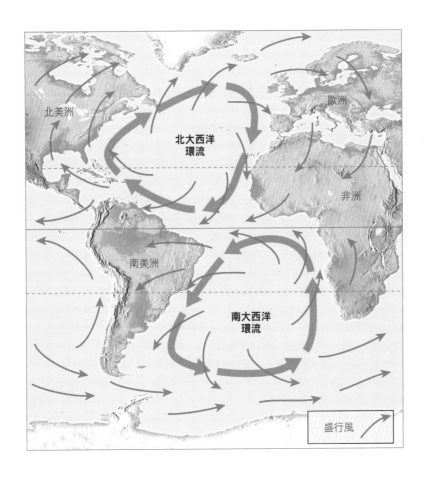

　圖10.2　大西洋表層洋流的理想化模式。盛行風分別在南、北大西洋海盆驅動環狀
流動的海水循環（稱為環流）。

洋流的模式

　　大型環狀流動的洋流系統，主宰了海洋的表層。這些在海盆裡旋轉的大量海水，稱為**環流**。圖 10.3 說明了全球五大主要海洋環流：北太平洋環流、南太平洋環流、北大西洋環流、南大西洋環流、印度洋環流（此環流大部分位在南半球內）。每一個環流的中心點，剛好都在緯度 30 度的副熱帶地區，所以也常稱為副熱帶環流。

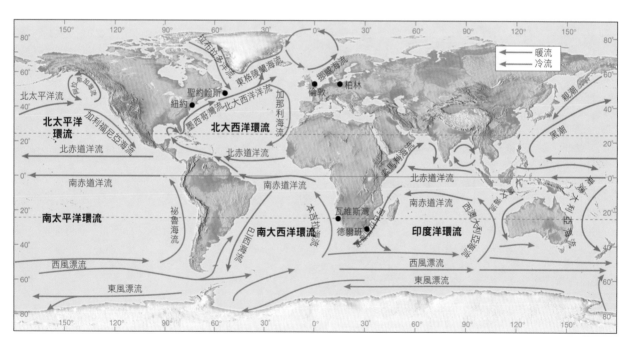

圖10.3 本圖顯示每年二、三月間，表層洋流的平均分布。海水的循環流動分成五大環流（大規模環狀流動的迴圈），分別位在北太平洋、南太平洋、北大西洋、南大西洋和印度洋。向極圈方向流動的是暖流，而流向赤道則是冷流。表層洋流是由全球風系驅動，在全球熱能重新分配的過程中，扮演相當重要的角色。本節中提到的城市，都已標示在地圖上。

　　如圖 10.3 示意，副熱帶環流在北半球是順時鐘旋轉，在南半球則是逆時鐘旋轉。為什麼南、北半球有這樣的差別呢？雖然風是產生表層洋流的作用力，但也有其他因素影響海水的運動，其中最顯著的因素，就是**科氏效應**。由於地球是逆時鐘自轉，所以北半球的洋流傾向右偏，在南半球則是*左偏*（關於科氏效應，第 4 冊第 13 章有更完整的說明），因此，南北半球的環流會有完全不同的流動方向。

　　每一個環流，通常都由四個主要洋流組成（圖 10.3）。譬如北太平洋環流，就包括了北赤道洋流、黑潮、北太平洋洋流，以及加利福尼亞海流。追蹤海上漂流物（有些是刻意放的，有些則是無意間落海的），會發現這些漂流物順著北太平洋環流走完一圈，大約需要六年。

　　北大西洋環流也有四個主要洋流（圖 10.3）。接近赤道的北赤道洋流向北偏，穿過加勒比海，變成墨西哥灣流。墨西哥灣流沿著美國東岸向北流，此時因為盛行西風的影響，在北卡羅萊納州外海轉向東流（向右流），進到北大西洋。接著，持續向東北方流動，範圍逐漸變寬，流動也變慢，最後變成浩瀚且流動緩慢的北大西洋洋流，正因為流動遲緩，又被稱為北大西洋漂流。

　　北大西洋洋流接近西歐大陸時，便一分為二，一股向北流經英國、挪威和冰島，將溫暖的海水帶向這些寒冷的地區。另一股則向南流，形成相對涼爽的加那利海流。加那利海流繼續向南流動，最終將再併入北赤道洋流，完成這個環流。因為北大西洋海盆的面積只有北太平洋的一半，因此海上漂流物繞行北大西洋環流一圈，約需三年時間。

　　環流的環狀流動模式，導致大洋中央沒有任何界定鮮明的洋流。以北大西洋來看，中央大片平靜的海域稱為藻海（Sargasso Sea），因為這裡漂浮聚集了大量的馬尾藻（*Sargassum*）。

　　南半球的海盆也呈現與北半球相似的流動模式，同樣會受到風帶、陸地位置和科氏效應所影響。以南大西洋及南太平洋為例，表層洋流的流動方式與北半球幾乎一樣，只除了流動方向不同，是呈逆時鐘方向（圖 10.3）。

　　印度洋幾乎位在南半球，因此表層環流的模式與其他南半球海盆相似（圖 10.3）。不過，一小部分位在北半球的印度洋，會受到季節風變化的影響，也就是夏季及冬季季風；當風向改變，表層洋流也跟著轉向。

　　西風漂流是唯一繞行整個地球的洋流（圖 10.3）。表層的寒冷海水沿著冰層覆蓋的南極洲流動，沿途沒有大型陸地阻攔，於是形成一道連續流動的迴圈。西風漂流的流動方向，是受到南半球盛行西風的作用所致，中途有部分洋流會分流併入南半球的海盆。

◗ 洋流影響氣候

　　表層洋流對氣候有極重要的影響。大家都知道，就地球整體而言，吸收到的太陽能，會等於從地表向外輻射的熱能散失。然而個別來看高、低緯度的熱輻射情形，就不是這麼回事了。低緯度地區是能量淨增，而高緯度地區卻是能量淨損失。但熱帶地區沒有變得極度溫暖，極地也沒有變成非常寒冷，因此這些地區之間一定存在某種大規模的熱交換機制。事實正是如此——藉由風和洋流進行的熱交換，讓高低緯度之間的熱能不均衡逐漸達到平衡。海水的運動在總體熱傳遞的貢獻當中約占了四分之一，風則占其餘的四分之三（圖 10.4）。

　　向極地流動的溫暖洋流的溫度調節作用，科學家已有清楚的認識。北大西洋漂流是溫暖墨西哥灣流的延伸，讓英國及大部分西歐地區在冬季的氣溫，不像同緯度地區那樣寒冷。倫敦的緯度比紐芬蘭聖約翰斯還要更北邊，冬天卻不至於天寒地凍（本節論及的城市位置，已標示在圖 10.3）。因

為盛行西風的吹拂,將暖流的調節作用又再帶至內陸地區。舉例來說,柏林(北緯 52 度)的 1 月月均溫,與較低緯的紐約(北緯 40 度)差不多,而倫敦(北緯 51 度)的 1 月月均溫,還比紐約要高 4.5℃。

相較於溫暖的墨西哥灣流,調節作用在冬季較為明顯,冷流則是在熱帶地區、或是對中緯度地區的夏季,影響最為顯著。舉例來說,涼爽的本吉拉海流,流經非洲南部的西岸外海,調節了沿海區域的熱帶高溫。瓦維

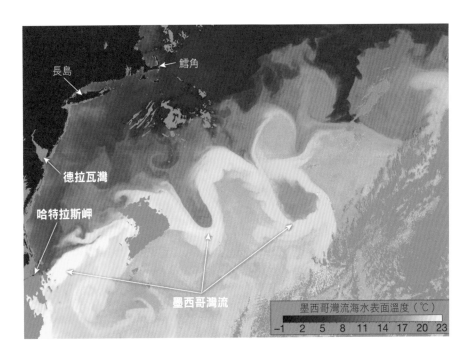

圖10.4　這張衛星圖顯示美國東岸在2005年4月18日的海水表面溫度。溫暖的墨西哥灣流(淺色部分)從左下角慢慢蜿蜒至右上角,將熱能從熱帶地區帶往北大西洋。這張圖也顯示出,墨西哥灣流在沿途有幾次大型的轉折,事實上,最北側的兩次轉折都是流向自身,形成一個封閉的渦流。在墨西哥灣流的北側,寒冷的海水(藍色)向南注入溫暖的灣流。灰色部分代表雲層。(NASA)

斯灣（南緯 23 度）這個臨近本吉拉海流的小鎮，緯度比南非東部大城德爾班低了 6 度，但是夏季氣溫卻比德爾班還要涼爽 5℃（南非東部遠離冷洋流的影響）。南美洲東、西部海岸也提供了很好的例子。圖 10.5 是巴西里約熱內盧和智利亞力加的月均溫圖，前者受到溫暖的巴西海流影響，後者則是臨近涼爽的祕魯海流。再以美國為例，因為涼爽的加利福尼亞海流經加州，讓位在副熱帶地區的南加州，氣溫比東岸城市低了至少 6℃。

除了影響沿海陸地的氣溫，冷流對於氣候還會造成其他的影響。舉例

//

圖10.5 巴西里約熱內盧及智利亞力加一整年的月均溫圖，這兩座城市都是海拔接近海平面的沿海城市。雖然亞力加的位置比較接近赤道，但因為受到寒冷的祕魯海流影響，氣溫反而比里約熱內盧來得涼爽，而里約熱內盧則是臨近溫暖的巴西海流。

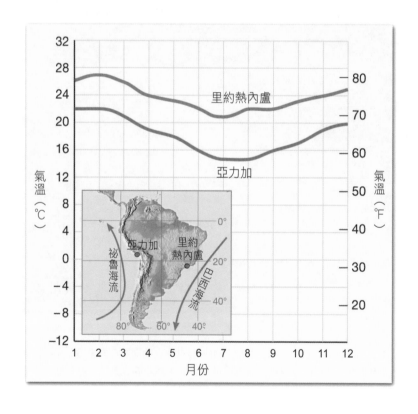

來說，位於大陸西部沿岸的熱帶沙漠，像是祕魯與智利境內的亞他加馬沙漠和非洲西南部的那米比沙漠，就深受冷流的影響。在這些沿岸地區，冷流降低了大氣下層的空氣溫度，讓大氣變得非常穩定，減少上升氣流形成的降雨雲，因而加劇了沙漠的乾旱程度。此外，冷流也導致氣溫經常接近露點（水氣凝結的溫度），因此這些地區通常相對溼度高且多霧。所以，並非所有的熱帶沙漠都是炎熱、相對溼度低、晴空萬里，冷流反而會使某些熱帶沙漠變得較為涼爽、潮溼，而且經常籠罩在霧氣之中。

▶ 湧升流

　　海面的風除了造成表層洋流之外，也會導致垂直的海水運動。湧升流就是一種常見的風導垂直運動，讓深層寒冷的海水上升，取代溫暖的表層海水。其中一類湧升流稱為沿岸湧升流，是大陸西部沿岸最明顯的特徵，尤其是美國加州沿岸、南美洲西岸及非洲西岸。

　　當風向平行這些大陸西部沿岸區域、往赤道的方向吹，就形成沿岸湧升流（圖 10.6）。沿岸風向再加上科氏效應，讓表層海水向外海流動，底下的海水自然就湧升上來，取而代之。這些從深度 50 至 300 公尺處緩慢向上流動的海水，溫度要比原本的表層海水來得冷，就降低了海岸附近的表層

海水溫度。

習慣在美國東岸中部海邊溫暖海水中游泳的人，若是到西岸加州中部的海邊游泳，可能會被冰涼的海水嚇一跳。在八月間，大西洋海邊的水溫約為 21℃，但加州中部海邊的水溫只有 15℃。

湧升流攜帶著高濃度的營養鹽來到海洋表面，包括硝酸鹽和磷酸鹽，滋養了大量微小的浮游生物，各種在此生存的魚類和其他海洋生物也連帶受惠。圖 10.6 是一張衛星圖，顯示非洲西南岸因沿岸湧升流，而有豐富的海洋生產力。

深層海流

相較於表層洋流多半是水平流動，深層海流則顯然是垂直流動，負責徹底混合深層水體。深海的這種流動現象，要歸因於不同水體之間的密度差異，密度大的海水下沉，在海面下緩慢擴散。造成深層海流的密度差異，又起因於溫度及鹽度的差異，因此深層海流又稱為**溫鹽環流**。

海水密度的增加，可能是因為溫度降低或是鹽度增加。在高緯度地

你知道嗎？

全球約有一半的人口，居住在距離海岸線 100 公里範圍內的地區。美國在 2010 年約有半數以上的人口，居住在距離海岸線 75 公里的範圍內。如此大量的人口集中在沿岸地區，代表數百萬的人口要面臨颱風和海嘯侵襲的風險。

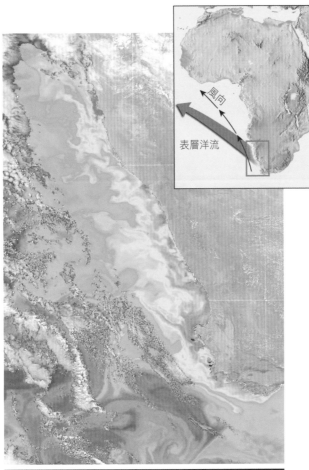

葉綠素濃度
（mg/m³）

圖10.6　沿岸湧升流沿著大陸的西岸發生，此處的風向與海岸平行，朝赤道方向吹拂。受到科氏效應（在南半球是向左偏）的影響，表層海水遠離岸邊，讓底下寒冷且富含養分的海水上升至表層。本圖是海星（SeaStar）人造衛星所拍攝的，可看出非洲西南沿岸的葉綠素濃度（2001年2月21日）。衛星上裝配的設備，可偵測海水顏色因葉綠素濃度不同而發生的變化。葉綠素濃度高，代表有大量的光合作用，而這就與湧升流帶來的營養鹽有關。圖中紅色代表高濃度，藍色代表低濃度。

（Photo by SeaWiFS Project, NASA/Goddard Space Flight Center and ORBIMAGE）

區，海水維持低溫且相當穩定，所以密度主要是因鹽度改變而產生變化。

與深層海流（溫鹽環流）有關的水體，源於高緯度地區的海水表層，這些區域的海水寒冷，當海冰形成，海水鹽度會增加（圖 10.7）。還記得第 9 章曾提到海水結冰時，鹽類不會跟著一起結冰，因此未結冰海水的鹽度就會增加（密度也跟著增加）。表層海水的密度增加到一定程度之後，就會下沉，引發了深層海流。一旦水體下沉，就不再受到海水表層密度增加的物理作用影響，在深海停留期間，溫度和鹽度都會大致維持穩定。

南極洲附近的海水表層，密度位居世界之冠。當這些冰冷、含鹽量高的海水緩緩下沉至海底，就會形成遲緩的水流，緩慢流經整個海盆。一旦水體從表層下沉至深海，平均需要 500 至 2,000 年，才會再回到表層。

若要用簡化的模型來描述海流循環，它就像是一條從大西洋流到印度

洋、太平洋，最後再回到大西洋的輸送帶（圖 10.8）。在這個模型中，溫暖的表層海水向極地流動，因溫度降低而密度變大，然後再以寒冷深層洋流的形式向赤道流動，最終湧升到表層，完成整個循環。這個「輸送帶」繞行全球的過程中，會使海水由暖轉冷，把熱釋放至大氣中，以此方式來影響全球氣候。

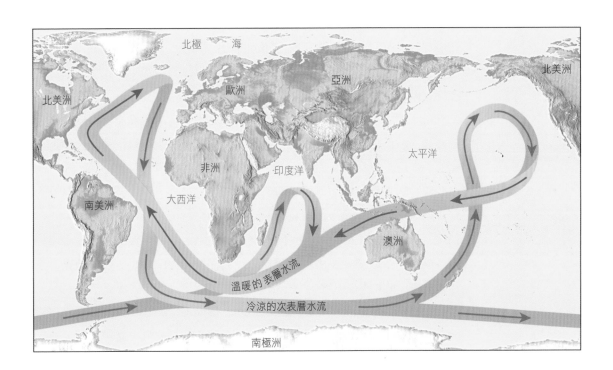

圖10.8　「輸送帶式」全球海洋大循環的示意圖。輸送源頭是位在高緯度區域的高密度海水，鹽度高的冰冷海水在此區域下沉，流入各大洋。這些海水在流經各大洋的過程中會緩慢上升，轉換成溫暖的表層洋流，最後又回到源頭，完成循環輸送。

濱線：變動的界面

　　濱線是一個變動的環境，它的地形特徵、地質組成和氣候均因地而異。大陸和海洋的各種營力在海岸處交會，創造出不斷快速變動的地景。對於沉積物的堆積作用來說，濱線則是海洋和陸地環境的過渡帶。

　　要見識海水的永無休止本質，海濱附近是最佳觀察地點，大氣、陸地和海洋在此交界。界面是系統內不同部分之間發生交互作用的共同邊界，而這正能描述海岸地區的特徵，因為在海濱可以看見潮汐變化，波浪翻滾上岸、破碎成浪花；有時風平浪靜，但有時又波濤洶湧。

　　雖不明顯，但波浪一直是形塑濱線的力量。洶湧的碎波可以侵蝕鄰近的陸地，波浪活動也能將沉積物帶離或推向岸邊，也可以沿著海岸搬運。這樣的作用有時會形成狹長的沙洲，大小及外形會隨著暴雨大浪而改變。

　　現今的濱線特徵，不只是海浪拍打磨蝕的結果，還有多重的地質營力作用影響，讓海岸呈現出複雜的面貌。舉例來說，更新世末期冰河融化，造成全球海平面上升，影響了所有的沿海地區，當海洋侵蝕陸地，濱線後退，就進一步改變過去由河川侵蝕、冰河作用、火山活動、造山運動等各種營力造就的地形。

　　今日沿海地區受到高度人類活動的干擾。不幸的是，人們傾向將濱線視為可以安全建造建物的穩定平台，但這樣的態度，無可避免導致人類與自然的衝突。稍後將會介紹，許多像海灘、堰洲島等沿岸地形相對脆弱、生命期短暫，通常不適合做為開發地點（圖 10.9）。

圖10.9 2008年9月，艾克颶風（Hurricane Ike）侵襲墨西哥灣沿岸地區，在德州製造的嚴重災情。颶風登陸時，風速為每小時165公里，不尋常的巨浪造成照片中慘重的災情。（Photo by USACEpublicaffairs/Flickr）

波浪

海浪是沿著海洋和大氣交界面傳遞的能量，通常將能量從幾千公里外的風暴傳遞過來，這也是為何在風平浪靜時，仍然有波浪持續從遠方海面傳來。觀察波浪時，你其實是在觀察能量藉由一個媒介（水）傳遞。如果你將卵石投入池塘形成漣漪，或是濺起水池裡的水花，或是向咖啡杯表面吹氣引起波紋，都是將能量帶進水中，而你眼前所見的水波，只是能量經過水面的可見證據。

由風產生的波浪，提供了形塑與改變濱線的主要能量。波浪抵達海陸交會處之前，能量可能已經毫無阻礙的傳送幾百或幾千公里遠，現在突然

遇到陸地的阻礙，讓能量無法前進，於是濱線必須吸收波浪帶來的能量。換句話說，濱線是一堵幾乎無法移除的障礙，卻又遇上一道無法抗拒的力量，這樣的衝突，導致永不停止的改變，有時甚至有戲劇化的變動。

波浪的特性

大部分海浪的能量來源和動力，皆是源於風力。當風速小於每小時 3 公里，只會形成小小的微浪。當風速增強，會逐漸產生更穩定的波浪，並帶動波浪隨風前進。

圖 10.10 畫出了一個尚未破碎的簡單波形，我們用這個圖來說明海浪的特性。每個浪頭即為**波峰**，波峰之間以**波谷**相隔，波峰與波谷落差的一半位置為**靜水面**，代表沒有波浪時的水位。波峰與波谷之間的垂直距離，稱為**波高**，連續兩個波峰（或波谷）之間的水平距離，稱為**波長**；一個完整波浪（即一個波長）通過某個定點所花的時間，稱為**波浪週期**。

////////////////////////////////////

圖10.10 尚未破碎的理想化海浪示意圖，顯示波浪的基本組成，和水分子在海水深處的運動情形。當水深達 1/2 波長的深度以下（即下方虛線以下），水分子的運動小到可忽略不計。

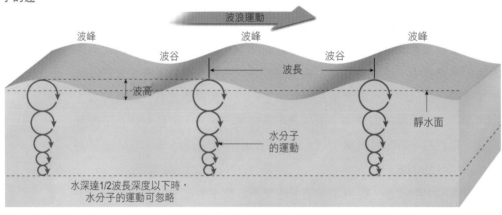

海浪的波高、波長和波浪週期，由三個要素來決定：（1）風速、（2）受風時間、（3）**風域**（風行經開闊海域的距離）。風力傳遞至海水的能量愈多，波浪也愈高、愈大，最後發展至一定的高度之後，波浪就會塌掉，形成白色的破浪，稱為白頭浪。

對於特定的風速，都有對應的最大風域及受風時間，超過這個最大值，波浪的大小也不會再增加。在特定風速下，海浪達到最大的風域和受風時間時，就已經達到「完全發展」的狀態。無法再繼續發展的原因，在於破碎成白頭浪的過程中，會損失波浪接收自風力的那些能量。

當風停止或轉向，或是波浪遠離了最初形成的暴風區，波浪還是會繼續行進，不受局部風向的影響。這些波浪也會逐漸變化成波高較小、波長拉長的湧浪（又稱長浪），將暴風的能量帶至遙遠的海濱。因為同一時間存在許多彼此獨立的波浪系統，於是海面上就充滿了複雜而毫無規則可言的模式，有時還會形成巨浪。我們在海邊看見的浪濤，通常是遠處暴風區產生的湧浪，與本地局部風形成的波浪的混合體。

▶ 圓周運動

波浪可以橫跨好幾個大洋，傳遞至遠方。有一項研究，曾追蹤在南極洲附近形成的波浪，一路追蹤到太平洋海盆，這道波浪行進超過 10,000 公里，一週之後終於在阿拉斯加阿留申群島的岸邊，耗盡它所傳遞的能量。水分子本身並沒有走這麼遠，而是只有波形被送至遠方。波浪前進時，水分子是依一個圓形軌跡運動，將能量向前傳遞，這樣的運動稱為圓周運動。

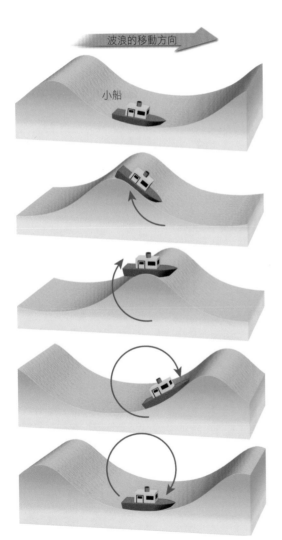

觀察在波浪上漂浮的小船，即可發現小船不只是上下移動，也會因為接連而來的波浪，前後輕微擺盪。如圖10.11，當波峰逼近，小船會向上和向後移動；波峰正在通過時，小船是向上及往前移動；波峰通過之後，小船則是向下並向前移動；波谷經過時，小船則是向下且向後移動，直到下一個波峰逼近時，小船又開始向上和向後移動。從圖 10.11 可以看到，一道波浪經過時，小船會以圓形軌跡運動，最終還是回到原來的位置。圓周運動可讓波形（波浪的形狀）穿過水體向前移動，而負責傳遞波動的每個水分子，則是繞了一圈。當風吹過一大片麥田，也會引發類似的現象：麥浪隨風翻過田野，但麥子本身並沒有越過田野。

風傳遞給水的能量，不只在海洋表層傳遞，同時也向下傳遞。然而，在海面下的圓周運動幅度快速縮小，當水深達到距離靜水面 1/2 個波長的深度時，水分子的運動就微小到可忽略，這樣的水深稱為 **波浪基面**。圖 10.10 畫出了水分子圓周運動半徑隨深度快速縮小的情形，就代表波浪的能量隨著水深增加而快速遞減。

//

圖10.11 小船的運動顯示波形向前移動，但水體本身沒有向前，反而是回到原本的位置。在這個連續動作中，波浪自左向右移動，而小船（及承載小船的水）只是循著一個假想的圓轉圈子。

碎波帶的波浪

只要海浪位在深水區，就不會受到水深的影響（圖 10.12 左），但當波浪逼近岸邊，水域變得愈來愈淺，就會影響波浪的行為。水深等於波浪基面時，波浪開始「碰底」，底部水分子的運動就會受到妨礙，減慢前行的速度（圖 10.12 中）。

波浪湧向岸邊時，後方流速稍快的波浪緊追上來，使波長變小。當波速和波長縮減，波浪的高度就會穩定增加，最後達到波浪自身無法再支撐的臨界高度，這時波浪前緣開始崩落或破碎（圖 10.12 右），海水就沖上岸了。

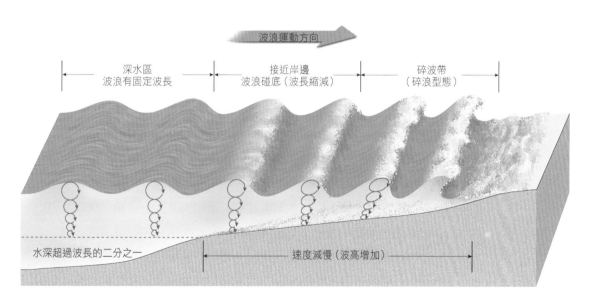

圖10.12 波浪前行至岸邊沿途所發生的改變。當水深小於波長的一半，波浪開始碰底，波速開始減慢，波浪開始朝陸地堆疊，導致波長縮減，因而使波高增加，直到波浪在碎波帶向前撲並且破碎。

由碎浪形成的湍急水流，稱為**碎波**。在靠近陸地邊緣的碎波帶，因波浪破碎而流向陸地、爬上海灘緩坡的紊亂水流，稱為沖流；當沖流的能量耗盡，水流開始從海灘往回流至碎波帶，則稱為回流。

你知道嗎？

裂流（rip current，或稱離岸流）是表層或接近表層的強勁水流，流幅狹窄，以近乎垂直於海岸的角度穿過碎波帶、流向外海。裂流就是那些由海浪帶來、匯集在岸邊、準備流回大海的海水，流速可達到每小時 7 至 8 公里，比大多數泳客的速度快，因此裂流是海邊泳客要面對的潛在危險。

孕育海灘及濱線的營力作用

對許多人而言，海灘是供人享受陽光和漫步的沙質區域。嚴格來說，**海灘**是沉積物沿著海洋或湖泊向陸側邊緣累積的範圍。沿著筆直的海岸，海灘可以延伸數十或數百公里，但若在不規則的海岸線，海灘只能在相對平靜的海灣處形成。

海灘是由當地富含的物質組成的。某些海灘的沉積物，來自鄰近海崖或附近海岸山脈的侵蝕；其他海灘的沉積物，則是來自河流的運送。儘管多數海灘的礦物組成，主要是經久不衰的石英細粒，但也可能由其他類型的礦物為組成多數。舉例來說，大多數位在佛羅里達南部的海灘，由貝殼碎片所組成；部分位在火山島的海灘，則是由島上玄武岩質熔岩風化後的細粒組成；許多熱帶島嶼的海灘，則是由周邊珊瑚礁侵蝕下來的粗粒碎屑所組成（圖 10.13）。

　　不管海灘組成物質的類型，這些物質都不會留在原地不動，相反的，拍岸的海浪會不斷移動這些物質。因此，我們可以把海灘想像成是正沿著濱線運送的物質。

波蝕作用

　　風平浪靜的時候，波浪的沖擊力最微弱，但在暴風期間，海浪可就會造成大量侵蝕。帶著高能量的巨浪，以驚人威力打向海岸，每一道碎浪，就像在岸邊傾盆倒下數千噸重的海水，有時甚至使地面一起震動。以大西洋冬季的海浪為例，波浪帶來的壓力平均為每平方公尺將近 10,000 公斤。暴風期間的威力更為巨大。

　　受到這樣巨大的撞擊，難怪能迅速在海崖、海岸結構物等物體上留下裂縫（請見圖 10.1）。當碎浪打向海岸，海水便侵入每一道裂隙，壓縮裡頭的空氣，形成巨大的壓力。當浪退去，壓縮的空氣又快速膨脹，帶走了岩石碎屑，讓裂縫加深擴大。

　　除了波浪沖擊和壓力造成的侵蝕，海水帶著岩石碎屑所產生的**磨蝕**作用也很重要。事實上，相較於其他環境，碎波帶的磨蝕作用更為劇烈。岸邊常見的圓滑石頭或卵石，正是碎波帶裡岩石不斷磨蝕的最佳明證（圖 10.14A）。波浪也可以利用岩石碎屑當作水平切入陸地的「工具」（圖 10.14B）。

圖10.13　海灘是由當地富含的物質組成的。照片中這座夏威夷海灘的黑沙，來自深色的火成岩。若想參考其他海灘型態，請見圖10.14A及圖10.23。（Photo by E. J. Tarbuck）

圖10.14　A. 碎波帶的磨蝕作用有時會很強大，海邊圓滑的石頭就是最佳明證。
B. 照片中的波蝕砂岩壁，位在加拿大卑詩省的加布歐拉島（Gabriola Island）。
（Photos by iStockphoto/Thinkstock）

海灘上的沙子運動

　　海灘有時被稱為「沙河」，原因在於碎浪帶來的能量，經常將大量的沙子沿著海灘表面搬運，或是大致平行於濱線，在碎波帶內運送。波浪帶來的能量，也會讓沙子以垂直於濱線的方向移動（也就是移向或遠離濱線）。

垂直於濱線的移動

　　在海灘上把你的腳踏進海水裡，就可以清楚瞧見，海水的沖流和回流如何使沙子來回移動。沙量的增減，全靠波浪活動的強弱程度。波浪較微弱時（攜帶的能量較少），大多數的沖流會滲進海灘，使回流量減少。因

此，當沖流是主力，海灘的沙量就會增加。

當能量巨大的海浪來襲，海灘已經因為先前波浪的浸潤而飽和，滯留的沖流量大為減少，因此回流的力道加強，海灘開始受到侵蝕，流往大海的沙量就會增加。

夏季期間，許多海灘沿岸多半是輕微的波浪活動，因此逐漸孕育出寬廣的沙灘。到了冬季，暴風頻繁出現且威力加強，強大的波浪就會侵蝕並縮減海灘的寬度。寬廣的海灘可能需費時數個月累積而成，但在強勁的冬季風暴中，卻可能短短數小時內，就被能量巨大的海浪劇烈侵蝕而縮減。

波折射

波浪的偏折現象，稱為**波折射**，是形塑濱線的重要營力之一，影響海岸線沿途的能量分布，因此劇烈影響到侵蝕、沉積物運送及沉積作用的發生地點和作用程度。

波浪很少直直沖向海岸，大部分都會斜一點角度切入。然而，當波浪抵達淺水區的平緩底坡，波峰開始折射（偏折），慢慢變得平行於海濱。會發生偏折，是因為最靠近海濱的波浪先碰底而放慢速率，但還在深水區的波浪繼續以原本的速率前進，這樣的速率差異讓波浪轉彎，變成以幾乎平行濱線的方向逼近岸邊。

因為折射作用，波浪能量匯集至突出於海中的岬角周圍，而進到海灣的能量則被分散，沖擊力道大減。圖 10.15 說明了波浪沖擊能量沿著不規則海岸的差異。相較於鄰近的海灣，波浪在岬角前方先抵達淺水區，因此就偏折成更接近平行於陸地的角度前進，並從岬角的三面拍打岸邊。相反的，海灣內的折射，讓海浪分散，能量也跟著分散。在這些波浪能量減弱的區域，沉積物就會開始累積，形成沙質海灘。長時間下來，岬角受到的侵蝕和海灣內的沉積，會使原本不規則的濱線逐漸平直。

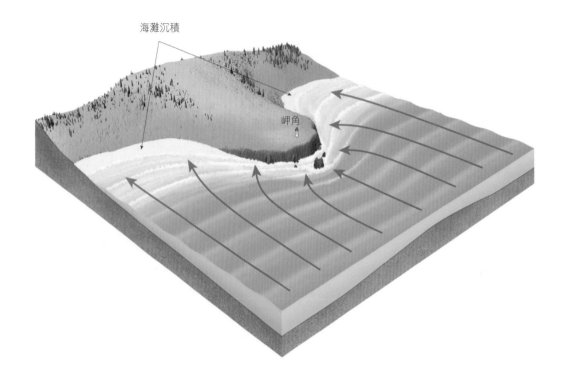

海灘沉積

岬角

圖10.15 海浪遇到不規則沿岸邊的淺水區，就開始碰底，速度減慢，導致波浪偏折（折射），逐漸排列成幾乎與濱線平行。圖中的波浪幾乎是筆直逼近海岸線。折射作用使得波浪的能量在岬角附近匯集（導致侵蝕），在灣區分散（導致沉積）。

沿岸搬運

波浪雖然會折射，但大多數仍帶著一點角度抵達岸邊。因此，來自每道碎浪的水流（沖流），都是以某個斜角上岸，然而，回流卻是順著海灘坡度直直入海。這樣的移動模式，會讓沉積物沿著海灘以之字形搬運（圖10.16），稱為**沿灘漂移**，每天可將沙子或卵石搬運數百甚至數千公尺，不

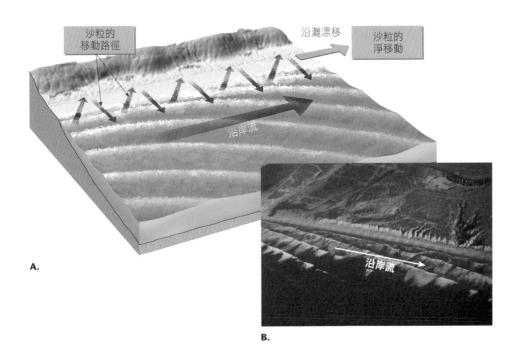

沙粒的
移動路徑

沿灘漂移

沙粒的
淨移動

沿岸流

A.

沿岸流

B.

圖10.16　A. 沿灘漂移和沿岸流是由角度偏斜的碎浪造成的。向岸邊移動的碎波，以斜角帶著沙粒上岸，而耗盡能量的波浪又順著海灘坡度直直流回海中，於是形成沿灘漂移。相似的移動方式若發生在離岸的碎波帶，就形成了沿岸流。這些營力作用都會帶著大量物質，沿著海灘或是在碎波帶內移動。
B. 加州的奧森塞得（Oceanside）附近，波浪帶著一點角度逼近海灘，形成一道從左而右移動的沿岸流。（Photo by John S. Shelton）

過，通常的搬運速率是每天 5 至 10 公尺。

　　斜著角度逼近岸邊的波浪，也會在碎波帶內形成水流，大致與海岸平行，持續搬運比沿灘漂移更多的沉積物（圖 10.16）。因為碎波帶的水流紊亂，所以這些**沿岸流**輕易就能搬運懸浮的細沙，並使較粗的沙粒和礫石沿著海底滾動。若是將沿岸流搬運的沉積物，加上沿灘漂移的搬運量，兩者

的總量非常可觀。以紐澤西州的沙鉤（Sandy Hook）為例，在四十八年間，每年沿岸搬運的平均沙量約為 68 萬公噸。在加州的奧克斯納（Oxnard），十年間每年沿岸沉積物的搬運量超過 140 萬公噸。

不論是河流或海岸地帶，都是將水和沉積物從一地（上游）搬運到另一地（下游），因此，海灘經常被描寫成「沙河」。不過，沿灘漂移和沿岸流都是之字形移動，而河流的流動通常呈現湍急、打漩的方式。此外，沿著濱線流動的沿岸流，流動方向會因為每個季節的波浪方向不同而改變，但河流永遠流向同一方向（往低處流）。

濱線地形

全世界各個海岸地區，都可以觀察到各式各樣的海岸地形，變化的依據包括：岸邊裸露的岩石類型、海浪的強度、沿岸流的特性，以及海岸本身的穩定度、是下沉海岸還是上升海岸。

主要是由侵蝕作用形成的海岸地形，稱為侵蝕地形，而產生自沉積作用的地形，則為沉積地形。

侵蝕地形

許多海岸地形的形塑力量，源於各式侵蝕作用。這類侵蝕地形，在美國新英格蘭地區的崎嶇海岸和美國西岸陡峭的濱線很常見。

波蝕棚　　海階

圖10.17　波蝕棚和海階。照片拍攝於舊金山附近的伯林納斯角（Bolinas Point），退潮時可以看到露出的波蝕棚。右邊是被抬高的波蝕棚，叫做海階。

（Photo by John S. Shelton）

波蝕崖、波蝕棚和海階

顧名思義，**波蝕崖**是由碎波的切割力道抵著岸邊陸地底端，慢慢向內侵蝕形成的。當原本懸在凹壁上方的岩石碎裂落海，海崖會向後退縮，海崖不斷後退的結果，就是形成平坦的台地，稱為**波蝕棚**（又稱**海蝕平台**，圖 10.17 左），隨著海浪持續侵蝕，平台也會愈拓愈寬。碎浪拍打形成的碎屑，一部分會留在海邊，變成海灘上的沉積物，其餘的碎屑則會隨著水流送向大海。如果波蝕棚因為板塊構造運動而抬升，高出海平面，就會形成**海階**（圖 10.17 右）。通常我們可以藉由略朝大海傾斜的斜面來辨認海階，這類海岸地形也經常被視為值得開發的地點。

海蝕門和海蝕柱

由於波浪的折射，突出岸邊的岬角容易受到海水侵蝕。碎波通常會選擇性的侵蝕岩石，先將比較軟或易碎裂的岩塊快速移除。一開始，會先形成海蝕洞，當岬角兩側的海蝕洞穿透相連，即形成**海蝕門**（圖 10.18）。當海

蝕門中間懸空的岩石掉落，就會在波蝕棚留下一個孤立的**海蝕柱**（圖
10.18）。但一段時間之後，海蝕柱最終也會因為海水侵蝕而消失。

圖10.18 位於墨西哥下加利
福尼亞半島的海蝕門和海蝕
柱。（Photo by iStockphoto/
Thinkstock）

沉積地形

　　海灘受侵蝕之後產生的沉積物，沿著海濱搬運，最後在海浪能量微弱
之處堆積，這樣的歷程，可形成形形色色的沉積地形。

沙嘴、沙洲和沙頸岬

　　在沿灘漂移和沿岸流活躍的地方，會孕育出幾種與沉積物移動有關的
沿岸地形。**沙嘴**是由陸地側向鄰近海灣出口凸出的狹長隆起沙脊，通常在

海中的尾端，會順著沿岸流的流向，向陸地的方向往回鉤。圖 10.19 的兩張照片都是沙嘴地形。**灣口沙洲**是指沙洲橫跨了整個海灣出口，阻隔在海灣與外海之間，這樣的地形通常出現在海流較微弱的海灣，而同時在陸地的另一側會延伸出沙嘴（圖 10.19A）。**沙頸岬**是連接島嶼與大陸、或是連接兩個島嶼之間的沙脊（圖 10.21B），形成原理與沙嘴相似。

堰洲島

大西洋和墨西哥灣的沿岸平原相對平坦，坡度平緩，海濱區的地形特徵是**堰洲島（又稱離岸沙洲島）**。這些低矮的沙脊，在離岸 3 至 30 公里外，與海岸平行，北從麻州的鱈角，南到德州的帕德里島（Padre Island），約有 300 個堰洲島鑲嵌在海岸邊緣（圖 10.20）。

大多數堰洲島有 1 至 5 公里寬，15 至 30 公里長。島上最高的地形是沙丘，通常高達 5 至 10 公尺。這些狹長的離岸島嶼，隔著平靜的潟湖與海岸相望，紐約至北佛羅里達之間的小型船隻可以通行於潟湖之上，避開北大西洋的猛烈風浪。

堰洲島的形成方式有好幾種。有些最初先形成沙嘴，接著因為海浪侵蝕，或最近一次冰期之後海平面上升，讓沙嘴與大陸分離。其他一些堰洲島的成因，是一道道碎浪的紊亂水流把來自海底的沙子堆疊而成。還有一些堰洲島，也許是最近一次冰期沿著海濱形成的沙脊（當時海平面較低），當冰層開始融化，海平面上升，就淹沒了海岸沙丘帶後方的區域。

海岸地帶的組成物是未固結的物質，並非堅硬岩石，因此被碎浪侵蝕的速率有時會很驚人。在英國，有些地方的海岸是以沙、礫石和黏土組成的冰河沉積物，很容易被海浪侵蝕，自羅馬時代（二千年前）至今，海岸已經後退 3 至 5 公里，毀滅了許多村落和古老地標。

你知道嗎？

圖10.19　照片A是沿著美國麻州瑪莎葡萄園島的海岸，高空拍攝完整發育的沙嘴和灣口沙洲（Image courtesy of USDA-ASCS）。照片B所拍攝的是位於鱈角尖端普羅溫斯鎮（Provincetown）的沙嘴。（Photos by NASA）

維吉尼亞州
北卡羅萊納州

奧伯馬
峽灣

潘利科海峽

哈特拉斯島

大西洋

瞭望角

哈特拉斯島

潘利科海峽

道路

沙丘

大西洋

///////////////////////////////////////

圖10.20　有將近300座堰洲島，鑲嵌在墨西哥灣和大西洋的沿岸。沿著北卡羅萊納州海岸的這些堰洲島，正是絕佳的範例。（Photo by Michael Collier）

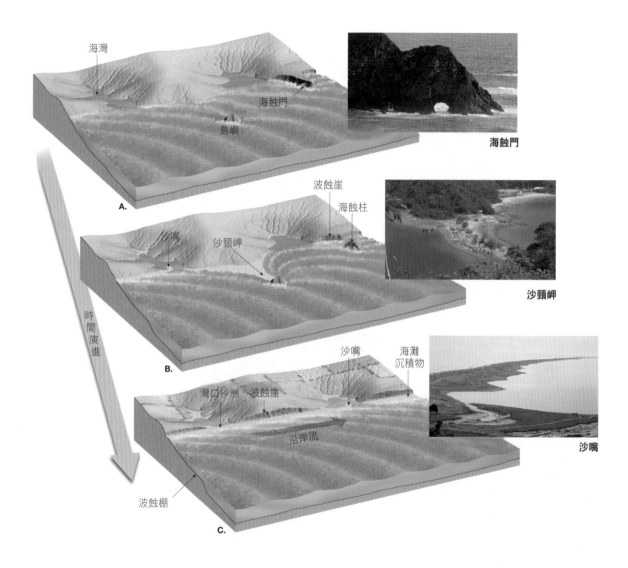

海灣

海蝕門

島嶼

海蝕門

A.

波蝕崖

海蝕柱

沙嘴

沙頸岬

沙頸岬

B.

沙嘴

海灘
沉積物

灣口沙洲　波蝕崖

沿岸流

時間演進

波蝕棚

沙嘴

C.

圖10.21 這些示意圖說明了，不規則的海岸地貌，如何隨著時間演變成相對穩定的海岸。圖A裡的海岸線，會慢慢演變成圖B，最後再變成圖C。這些圖也展示了前面提到的許多濱線地形。（Photos A and C by E. J. Tarbuck; Photo B by Mr Drake/Wiki）

不斷改變的海濱

　　濱線永遠在改變，不管原本是何種地形輪廓。許多海岸線一開始都是不規則的，而每個地點不規則的原因和程度又都各自相異。一段地質多變的海岸線，拍岸的碎波在一開始可能會加劇海岸線的不規則性，這是因為海浪很容易就侵蝕較為鬆軟的岩石。不過，如果濱線維持穩定了，海蝕作用和沉積作用最後就會塑造出更平直且規則的海岸。

　　圖 10.21 展示的海岸演變，是從最初的不規則，演變成後來的相對穩定，這張圖也畫出了前一節提到的許多海岸地形。岬角受海水侵蝕，陸續出現了波蝕崖、波蝕棚等侵蝕地形，就產生了沉積物，隨著沿灘漂移和沿岸流在岸邊搬運，有些物質留在海灣裡，而其他的碎屑則形成了沙嘴、灣口沙洲等沉積地形。同一時間，河川也持續將沉積物帶進海灣。到最後，就會形成一條平滑的海岸。

 ## 鞏固海岸的方法

　　濱海地區是人類活動的密集區，許多海岸地貌其實是相對脆弱且短暫的，很容易因為開發而遭到破壞，但不幸的是，人們往往將濱線視為穩定的平台，在其上築起建物，反而讓人類與濱線都陷入危險境地。歷經過風暴襲擊的人都知道，濱海地區並不是安全的居住地。圖 10.9 颶風侵襲過後的慘狀，是很好的借鏡。

　　相較於地震、火山噴發、山崩這些天災，濱線侵蝕似乎是更為持續且可預測的營力作用，只會在有限範圍內造成比較輕微的災害。但事實上，

濱線是地球上變動最為劇烈的地方之一，會因為自然營力而快速改變。劇烈的風暴侵蝕破壞海灘和海崖的力量，遠遠超過長期平均的侵蝕速率，像這樣暴增的侵蝕量不只影響海岸的自然演變，也深深影響住在濱海地區的人。沿海地區的侵蝕，往往造成可觀的財產損失，因此每年投入的大筆經費，不只是修補破壞，也會用來預防或控制侵蝕的速率。濱線侵蝕已是許多地方的共同問題，而隨著持續的大規模海岸開發，問題勢必日趨嚴重。

雖然改變每個海岸的營力作用相似，但每個海岸不會都以相同方式回應。不同營力之間的相互影響，和每一個營力的相對重要性，都隨當地因素而異，這些當地因素包括：(1) 海岸是否臨近帶有大量沉積物的河川、(2) 板塊構造運動的活躍程度、(3) 陸地的地形特徵及地質組成、(4) 盛行風和天氣型態、(5) 海岸線和近岸地區的形貌。

過去一百年間，日漸成長的休閒需求，已經對許多海岸地區造成史無前例的影響。隨著濱海地區房屋數量及價格的攀升，保護財產免受暴風巨浪破壞的鞏固海岸設施，也跟著增加了。同時，許多海岸地區持續在控制沙子的沿灘自然搬運，而這樣的干預行為可能造成往後難以彌補的改變。

▎硬式加固

為了避免海岸受到侵蝕，或預防沙子沿著海灘移動所建造的結構物，都是**硬式加固**的工程。硬式加固的類型有許多種，包括突堤、防波堤和海堤，通常都會導致可預期但不樂見的結果。

突堤

為了維護或拓寬正在流失沙量的海灘，有時會興建突堤。突堤是一道垂直於海灘的阻隔物，目的是在抓住流動方向平行於海濱的沙子。建造突

堤的材質通常是大型岩石，但也可以改用木頭。這些結構物通常很有效益，沿岸流攜帶的沙子會堆積在突堤的上游側，而使越過突堤的沿岸流缺乏沙源。於是，突堤下游側的海灘會受到侵蝕。

圖10.22　英國索塞克斯郡契赤斯特（Chichester）沿海沙灘外的一連串突堤。（Photo by iStockphoto/Thinkstock）

　　為了抵消這樣的效益，突堤下游側的土地擁有者，可能會再建造一道突堤，如此一來，突堤愈建愈多，結果就形成一片突堤群（圖 10.22）。這類結構物大量增加的案例，位在紐澤西州的海岸，總共有上百道突堤。目前已經證明，突堤不是令人滿意的解決方案，因此不再是預防海灘侵蝕的優先工法。

防波堤及海堤

　　硬式加固的結構物也可平行於濱線來興建，其中一種稱為**防波堤**，在近岸處圍起一片平靜的水域，目的是保護船隻，免受大型碎浪的侵襲。然

而，防波堤興建完成之後，會讓結構物後方的沿岸波浪活動減弱，可能就會開始淤沙，導致船隻停泊的地點最終將被沙子填滿，而位於沿岸流下游的海灘則會被侵蝕而後退。加州聖摩尼加（Santa Monica）的防波堤，即有類似的問題，政府部門只能利用疏浚船，挖除平靜水域內的沙子，運送至更下游的海岸，讓沿岸流可以繼續朝下游輸沙（圖 10.23）。

圖10.23　俯瞰加州聖摩尼加的防波堤。海水中看起來像一條模糊虛線的就是防波堤，防波堤後方停泊了許多船隻。防波堤的興建，打斷了沿岸流的輸沙，導致海灘向外海擴增。（Photo by John S. Shelton）

另一種平行於海岸的硬式加固結構物，稱為海堤，設計成海岸的保護層，讓濱海地區的財產不會受到碎浪的侵襲。當波浪行經開闊的海灘，可耗掉許多能量，而海堤卻縮短了這段能量消耗的歷程，使沒有耗盡能量的波浪力道反彈回海中。因此，海堤外側的海灘會受到嚴重侵蝕，有時甚至完全消失。一旦海灘的寬度縮減，海堤所承受的海浪沖擊力量就更大，最後會被破壞，失去保護作用，取而代之是興建更昂貴的結構物。

沿著濱線興建暫時性保護結構物的工法，質疑聲浪四起。針對美國海岸線的侵蝕問題，許多海岸科學家和工程師的看法，在一次研討會發表之後，彙整成一份立場聲明書，節錄如下：

> 運用保護性結構物來停止濱線後退的做法，現在顯然不再適用，這種做法只會嘉惠少數人的利益，卻造成自然海灘的嚴重破壞，減損海灘帶給社會大眾的價值。保護性結構物可以將海洋能量暫時從私人財產轉移，但通常這些能量反而會集中至鄰近的自然海灘。這些結構物擾亂了許多沿岸流的自然輸沙功能，搶走了許多海灘重要的更替沙源。*

▌硬式加固的替代方案

運用硬式加固工法保護海岸的做法，已經產生許多潛在的缺點，包括結構物的興建成本和海灘沙量流失。相關替代方案包括養灘和徙置。

養灘

養灘是一種不採用硬式加固的穩固海岸工法。正如其名，做法只是將大量的沙重新加進海灘系統（圖 10.24）。隨著海灘的範圍向外海擴增，海灘的品質和風暴期間的保護功能都改善了。然而，就海灘持續縮減的問題而言，養灘並不是永久的解決策略，因為使海岸流失的營力持續存在，最終還是會帶走新置入的沙子。此外，因為大量的淤沙要從外海、鄰近河川或其他地點搬運至海灘，所以養灘工法非常昂貴。皮爾齊（Orrin Pilkey）這位

★ "Strategy for Beach Preservation Proposed," *Geotimes* 3 (No. 12, December 1985): 15.

A.　　**B.**

圖10.24 邁阿密海灘。A. 進行養灘之前的樣貌。B. 進行養灘之後的樣貌。
（Courtesy of the U.S. Army Corps of Engineers, Vicksburg District）

備受敬重的海岸科學家，對養灘工法發表以下評論：

養灘已經開始在美國大陸兩側海岸執行，截止目前為止，以東岸的花費最多，從紐約長島南岸到南佛羅里達之間，已經投入相當大量的金錢和沙量。為了維護濱線，已經在 195 個海灘、680 個案例中，投入 5 億立方碼的沙量。1965 年迄今，部分沙灘已經重新養灘超過 20 次，維吉尼亞海灘甚至已經重新養灘超過 50 次。養灘的一般成本，每英里要價 200 萬至 1,000 萬美元之間。*

你知道嗎？

人為全球暖化的首要衝擊，當然是海平面上升。如果海平面上升了，沿岸城市、溼地和地勢較低的島嶼，都有可能面臨更頻繁的水患、濱線侵蝕加劇、河水及地下水鹽化等威脅。關於全球暖化的更多討論，請見第 11 章。

　　從幾個案例可以看到，養灘也會導致我們並不樂見的環境衝擊。以夏威夷的威基基（Waikiki）海灘為例，天然的石灰質粗砂粒，被置換成細軟泥濘的沙子，在碎浪的拍打之下，提高了水質的混濁度，結果害死了近海的珊瑚礁。類似的破壞也發生在邁阿密海灘的珊瑚礁群。

　　對於海灘保護議題而言，養灘似乎不是經濟上可行的長期策略，除非能夠符合以下這些條件：密集發展、大量沙源供應、波浪能量相對小，以及環境議題可達成和解。遺憾的是，符合上述所有條件的地區少之又少。

徙置

　　除了興建突堤或海堤這類結構物來保護濱線，或是透過填沙來修復飽受侵蝕的海灘，還有另一項替代方案。許多海岸科學家和規劃者疾呼，不應繼續在瀕危地區保護、重建海灘或海岸，而是該徙置那些因風災損壞或面臨危險的建物，把海灘還給自然。美國聯邦政府在 1993 年密西西比河氾濫受災之後，也採取相似的做法，放棄那些不堪一擊的建物，遷徙至更高、更安全的地點。

　　這樣的提案，當然備受爭議。在濱海地區大量投資的開發商，一想到

★　"Beaches Awash with Politics," *Geotimes*, July 2005, pp. 38–39.

不再重建或是保護遭受海水猛烈侵蝕的海濱設施，就膽顫心驚。然而也有人主張，隨著海平面上升，沿海風暴的侵擾，未來數十年只會愈來愈嚴重，因此應該放棄或是遷移經常受災的建物，以保障人身安全，同時降低支出。政府和社區評估、修正濱海地區土地使用政策時，這些倡議無疑將成為研究和爭論的焦點。

美國濱海地區的侵蝕問題

美國西部太平洋沿岸的濱線，與東部大西洋、墨西哥灣的沿岸地區迥然不同，部分差異與板塊運動有關。西岸是北美板塊的前緣，因此有活躍的抬升及變形作用。相反的，東岸遠離活躍的板塊邊緣，板塊運動相對沉寂。因為地質上的基本差異，美國東西兩岸面臨的濱線侵蝕問題，自然大不相同。

大西洋沿岸及墨西哥灣區

許多沿著大西洋和墨西哥灣的濱海開發，都是位在堰洲島。堰洲島的特色是寬廣的海灘，島上有沙丘，且以潟湖與大陸相隔。寬廣的沙灘和面海的景色，讓堰洲島成了熱門開發地點。不幸的是，開發的速度遠遠超過我們對堰洲島地形變動的理解。

因為堰洲島面對外海，所以直接承受大型風暴的所有衝擊力量。當風暴來襲，這些堰洲島主要透過沙子的移動，來吸收波浪的能量。以下這段敘述，說明了整個歷程和所面臨的兩難：

> 海浪可能會將沙子從海灘帶至近海，也有可能是反方向、將沙子推向沙丘；海浪可能侵蝕沙丘，將沙子堆積在海灘上，或是

帶離至海中；波浪也可能將沙子從海灘和沙丘帶至堰洲島後方的沼澤溼地，這種營力作用稱為越流（overwash）。以上各種現象的共同要素就是移動。如同大風可吹倒一棵橡樹，卻吹不斷柔韌的蘆葦，所以堰洲島之所以能撐過颶風和東北季風的侵襲，不是因為它堅忍不屈的力量，而是臣服在風暴的腳下。

　　但是當堰洲島上出現了房舍和度假小屋，一切景象全都改觀了。之前暴風大浪可以恣意在沙丘之間的空隙流動，現在卻遇上房子和道路的阻隔。此外，屋主認為沙洲只有在風暴期間才會發生改變，因此傾向將損失歸咎風災，而忽略了堰洲島本身的變動性。房舍或投資隨時面臨危險的當地居民，多半會希望讓沙子留在原地、海浪困在海灣之中，而不想承認開發之初就選錯了地點。*

太平洋沿岸

　　相較於大西洋和墨西哥灣沿岸有大片平緩的海岸平原，太平洋沿岸多數是相對狹窄的海灘，背對著陡峭的海崖和山脈。美國西岸的地形要比東岸更崎嶇，板塊構造運動也比東岸活躍。因為地殼持續抬升，海平面上升的影響在西岸並不顯著。不過，如同東岸堰洲島面臨的濱線侵蝕問題，西岸遇到的難題主要也源於人類對自然界造成的改變。

　　太平洋濱線面臨的主要問題，是許多海灘明顯窄縮，特別是南加州。這些海灘上的沙子，大部分是河川從山區搬運至海邊的。多年來，隨著人類為了灌溉和洪氾控制而興建水庫，中斷了這個自然的輸沙管道，原本可孕育海灘環境的沙子，大部分滯留在這些水庫裡。過去海灘寬度較廣，可

★　Frank Lowenstein, "Benches or Bedrooms — The Choice as Sea Level Rises," *Oceanus* 28 (No. 3, Fall 1985): 22.

以扮演後方海崖的緩衝帶,免受狂風巨浪的直接衝擊,然而今日海灘面積窄縮,海浪越過海灘之後,仍具有相當威力,加速海崖侵蝕。

雖然海崖後退會提供碎屑物,來取代部分淤積在水庫的沙量,但卻同時威脅到興建在斷崖上方的房子和道路。此外,海崖上方的開發也加劇了侵蝕問題。都市化使地表逕流增加,如果沒有小心控管,將造成嚴重的斷崖侵蝕。草坪和花園的澆灌,也會增加流至陡坡上的水量,這些水再下滲至海崖底部,可能匯聚成細小的水流滲出,降低邊坡的穩定度,加速塊體崩壞。

由於每年偶發的颶風狀況不一,太平洋沿岸的濱線侵蝕也有年度差異。因此,當發生不常見但情形嚴重的侵蝕事件,災害損失往往會怪罪不尋常的風暴,而不是歸因於海岸開發,或困住沙源的遠方水壩。如果海平面因全球暖化而上升,太平洋沿岸的濱線侵蝕和海崖後退,預期也會隨之加劇。

海岸分類

濱線形形色色,足見濱海地區的複雜度。為了瞭解任何一個濱海地區,要考量許多因素,包括岩石類型、波浪的規模和方向、風暴的頻率、潮差、和濱外地形特徵。此外,伴隨著冰河融化,幾乎所有濱海地區,都受到海平面上升的影響。最後,造成陸地上升、沉降或是海盆體積改變的板塊構造運動,也必須納入考量。影響因素這麼多,讓海岸分類變得困難重重。

　　許多地質學家在歸類時，是依據海岸相對於海平面的變化。這種常用的分類系統，將海岸分成二大類：上升和下沉。**上升海岸**的成因，可能是歷經地殼抬升，或者是歷經海平面下降；相反的，**下沉海岸**的成因，則是海平面上升，或是臨海的陸地發生沉降。

上升海岸

　　部分地區的海岸，可明顯看出是上升海岸，因為隆起的陸地或下降的水位，讓波蝕崖和海階露出海平面。絕佳案例位於加州沿岸，這些地區是在最近期的地質年代上升的，圖 10.17 中的抬升海階，說明的正是這種情況。洛杉磯南方的帕洛斯弗迪斯山（Palos Verdes Hills），共計有七層不同的海階，代表至少歷經七次抬升。在海水的不斷侵蝕下，海崖底部現在已侵蝕出一塊新的平台，如果接下來發生陸地抬升，它又會變成隆起的海階。

　　上升海岸的其他例子，還包括曾經被大片冰原覆蓋的區域。當冰河存在時，龐大的重量壓制底下的地殼，冰原融化之後，地殼會慢慢彈回原狀。因此，史前的濱線地形，如今可以在海平面以上的高地看到；加拿大的哈得遜灣（Hudson Bay）即是一例，該地區仍以每年超過 1 公分的速率上升。

下沉海岸

　　其他海岸地區呈現明顯的沉降徵兆。在較近期發生沉降的海岸地區，濱線通常非常崎嶇，因為海水覆蓋了入海河谷的下游河段，而這些分隔河谷的山脊，因為仍高於海平面，於是變成突出海面的岬角。昔日的河口，而今被海水覆蓋形成**河口灣**，是現今許多海岸地區的特徵。北美大西洋沿岸的乞沙比克灣（Chesapeake Bay）和德拉瓦灣（Delaware Bay），正是沉降形成

的河口灣（圖 10.25）。緬因州美麗如畫的海岸，尤其是阿科底亞（Acadia）國家公園的鄰近地區，也是下沉海岸線的例子。

　　不過請記住，許多海岸都有複雜的地質身世。提到海平面的變化，許多海岸歷經多次抬升而後下沉的時期，每一次都會留下前一時期形成的部分地形特徵。

潮汐

　　潮汐是海面高度每日變化的現象。古代人已經知道潮汐有漲落規律，這是除了海浪之外，最容易觀察到的海洋運動。

　　即便所知甚早，但直到牛頓提出萬有引力定律，才替潮汐現象提供合理的解釋。牛頓證明了，兩個物體（譬如地球和月球）之間，有一種互相牽引的作用力。由於大氣和海洋可以自由流動，因此都會受到萬有引力的作用而變形。因此，海洋潮汐的形成，是月球施加在地球上的萬有引力所致，少部分引力則來自太陽。

▶ 潮汐的成因

　　為了說明潮汐如何形成，請先將地球視為一個旋轉的球體，表面覆蓋著等深的海水。（暫且忽略太陽的影響。）從圖 10.26 可以清楚看見，月球的引力如何讓地球上最靠近月球側的水面隆起；此外在背對月球的另一側，也有等量的潮汐隆起。

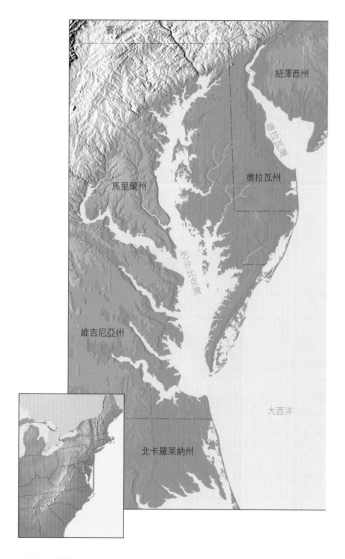

///　**圖10.25** 美國東岸的大型河口灣。最近一次冰期結束之後，海平面上升，許多河谷
的低窪河段被海水淹沒，形成了乞沙比克灣、德拉瓦灣這類大型河口灣。

　　牛頓發現，兩側的潮汐隆起，都是因為萬有引力（重力）的牽引。引力與兩個物體的距離平方成反比，意思就是距離愈遠，引力遞減得愈快。此處討論的兩個物體，是地球和月球。因為引力會隨著距離遞減，所以對地球上靠近月球一側的海水，引力稍大，而遠離月球的那一側海水，拉力稍小。在此同時，地球本身也會受到月球的引力，略微靠過去，導致地球本身稍稍遠離距月球較遠的那一側海水，於是，對於流動的海洋來說，可就產生劇烈的變形效應，讓地球兩側形成潮汐隆起。

　　又因為月球在一天當中的位置變動不大，所以儘管地球會自轉，但潮

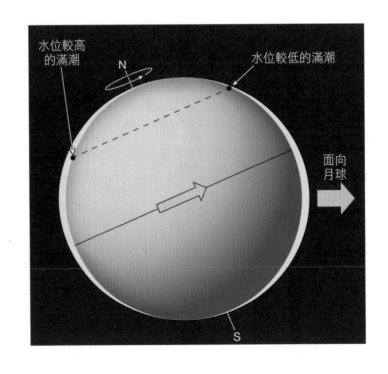

圖10.26 月球引力形成地球潮汐隆起的理想化示意圖。如果地球表面覆蓋了等深的海水，應該會產生二處潮汐隆起，一處在面向月球側（右），另一處則是在背對月球的另外一側（左）。依據月球的位置，潮汐隆起的程度與赤道面略有角度差異，在這樣的情境下，地球自轉就導致一天之中兩次滿潮的水位不等高。

汐隆起相對於月球的位置仍維持不變。如果你站在海邊觀察二十四小時，地球自轉會讓各地輪番歷經漲潮及退潮的變化。當自轉至潮汐隆起的位置，潮水漲高，自轉至隆起之間的低谷，潮水就退落。因此，地球上大多數的地點，每天都歷經二次漲潮和二次退潮。

　　此外，月球繞地球的週期為 29 ½ 天，潮汐隆起也隨著移位。因此，如同每日的月升時間差異，每天潮汐變化的時間會後延 50 分鐘。基本上，潮汐隆起的相對位置是固定的（相對於月球），但每天會略向東移。

　　許多地點在同一天的兩次滿潮，水位會不等高。如圖 10.26 所示，依據月球的位置，潮汐隆起的程度與赤道面略有角度差異；北半球的觀測者會發現，第一次滿潮的水位，會高於第二次滿潮的水位，而在南半球則剛好相反。

▍每月潮汐週期

　　影響潮汐的主體是月球，而月球每個月完整繞行地球一週的時間是 29 ½ 天。然而，太陽也會影響潮汐，雖然體積比月球巨大得多，但與地球的距離又比月球遠得多，因此影響相對微小。事實上，太陽影響潮汐的效應，只有月球的 46%。

　　在接近新月和滿月的時刻，月球和太陽成一直線，因此兩者對地球的引潮力會相加（圖 10.27A），於是，就導致更大的潮汐隆起（水位更高的滿潮），和更低的潮汐低谷（水位更低的乾潮），產生最大的潮差，這就是我們常聽到的大潮。相反的，在上弦月和下弦月時，月球和太陽對地球的引力互成直角，彼此抵消掉一部分的影響力（圖 10.27B），就形成最小潮差，稱為**小潮**，也是一個月發生二次。因此，每個月會有二次大潮和二次小潮，每次相隔大約一週。

////////////////////////////////////

圖10.27 地球－月球－太陽的位置與潮汐變化。

A. 當月球位在滿月或新月的位置，太陽、月球、潮汐隆起排列成一直線，於是在地球上產生最大的潮差，形成大潮。

B. 當月球位在上弦月或下弦月的位置，月球產生的潮汐隆起與太陽產生的潮汐隆起成為直角，潮差最小，形成小潮。

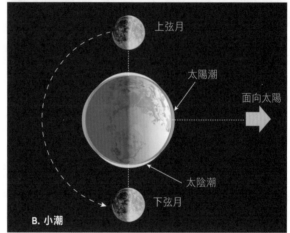

你知道嗎？

若海灣出口或河口灣位在大型潮間帶，就可以在此興建水壩，利用潮汐來發電。海灣和開闊海域之間的狹窄開口，可擴大水位隨潮汐漲落的高低變化，利用強勁的進出水流來驅動渦輪機。目前為止最大的潮汐發電廠，位在法國海岸。

潮汐型態

　　到目前為止，我們已經解釋了潮汐的基本成因和類型。不過請記住，這些理論並不能當作實際潮汐高度或時間的預測依據。直接影響潮汐變化的因素很多，包括海岸線的形狀、海盆的形態和海水深度。由此可推論，各地的潮汐變化，會因為不同的引潮力而異。因此，任何一個海邊地點的潮汐特性，都必須靠實際觀測而得，潮汐表和航海圖上的潮汐資料，也是依據這樣的觀測推算出來的。

　　全世界有三種主要的潮汐型態。**全日潮**是每天各僅有一次滿潮、乾潮（圖 10.28），墨西哥灣北岸就屬於這種潮型。**半日潮**是指每天各有兩次滿潮和乾潮，且兩次水位等高，此潮型在美國大西洋沿岸非常常見。**混合潮**與半日潮相似，只是兩次滿潮或兩次乾潮的水位高度差異很大。圖 10.28 所呈現的案例中，一天通常各有兩次滿潮和乾潮，而且兩次滿潮時的潮高不相等，兩次乾潮的水位也不等高，這樣的潮汐型態，在美國太平洋沿岸及全球其他許多地點，都很普遍。

潮流

　　潮流是用來描述隨著潮汐漲落，所發生的水平水流。這些由潮汐力量引發的水流，在某些海岸地區非常重要。漲潮時向海岸流動的潮流，稱為漲潮流；退潮時向外海流動的水流，則稱為退潮流或落潮流；在漲退潮交替、潮流轉換方向時，水流大致靜止不動，稱為憩流。受到這些潮流交替出現影響的區域，稱為**潮埔**（或稱**海埔地**）。依據濱海地區的不同特性，潮埔可能是海灘外的狹窄帶狀之地，也可能向外海蔓延數公里之遠。

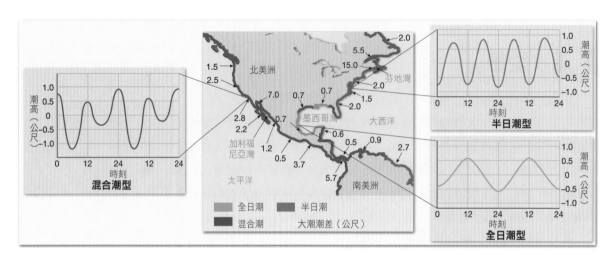

圖10.28 北美洲和中美洲沿岸海域的潮汐型態。全日潮（右下圖）代表每天有一次滿潮和乾潮。半日潮（右上圖）則是每天有兩次約略等高的滿潮及乾潮。混合潮（左圖）則是每天有兩次水位不等高的滿潮和乾潮。

　　雖然潮流在開闊大洋之中微不足道，但是在海灣、河口灣、海峽和其他狹窄的水域，可以快速流動。以法國不列塔尼（Brittany）的離岸地區為例，潮高 12 公尺的滿潮引發的潮流，流速可達到每小時 20 公里。潮流通常

你知道嗎？

全世界最大的潮差（連續滿潮、乾潮之間的潮高差值），發生在加拿大新斯科細亞省的芬地灣北端，此處大潮潮差的最大值約為 17 公尺，停泊的船舶在乾潮（低潮）時，船身一點水也沒沾到。

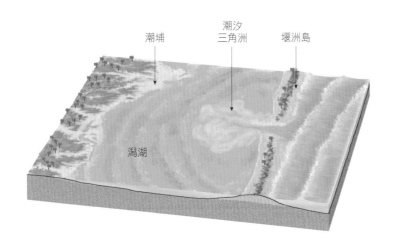

潮埔　　潮汐三角洲　　堰洲島

潟湖

圖10.29　當快速流動的潮流通過堰洲島之間的開口，進到平靜的潟湖，潮流速度減慢，就開始讓沉積物堆積，形成潮汐三角洲。因為這個潮汐三角洲是在出入口的向陸側形成，所以稱為漲潮三角洲。圖10.19A也看得到這樣的潮汐三角洲，有特別標示出來。

不是侵蝕作用和沉積物搬運的主要媒介，但也有例外，最顯著的案例就是當海潮通過狹窄的小灣，將原本容易淤積的狹窄出入口，沖刷成天然港灣。

　　有時潮流也會沖積出**潮汐三角洲**（圖 10.29），如果是在水道出入口內側（向陸），就可能發展成漲潮三角洲，如果是在外側（向海）形成的，就會是退潮三角洲。由於海浪和沿岸流在受到保護的向陸側會減弱，所以漲潮三角洲較為常見，實際上也更為顯著（請見圖 10.19A）。這類三角洲是在潮流快速通過出入口之後形成的；當潮流從狹窄的出入口往外流到更開闊的水域，速度會減慢，所攜帶的沉積物就開始堆積。

■ 表層洋流會循著全球各大風帶而流動。環流是大規模、緩慢流動的環狀海流，以各大洋海盆的副熱帶地區為環繞中心，而表層洋流正屬於環流的一部分。陸地分布及科氏效應也會影響海水的流動。由於科氏效應，北半球的副熱帶環流成順時鐘流動，南半球則是成逆時鐘流動。每一個副熱帶環流，通常由四大洋流組成。

■ 洋流對氣候有顯著的影響。向極地流動的暖流，調節了中緯度地區的冬季氣溫。冷流的最大效用，則是調節中緯度地區的夏季氣溫，以及熱帶地區的全年氣溫。除了降溫，冷流還與經常起霧和乾旱有關。

■ 湧升流是指深層較寒冷的海水往上流至表層，這是一種由風力驅動的垂直流動，會將寒冷但富含養分的海水帶至表層。沿岸湧升流在大陸西側海岸最為顯著。

■ 不同於表層洋流，深層海流則由重力主導，是密度差異所引發的。最能影響海水密度的二個因素，分別是溫度和鹽度，因此深層海流又稱為溫鹽環流。許多溫鹽環流的起點，始於高緯度地區的表層海水；海冰形成時，冰冷海水鹽度增加，密度也隨之增加，這些海水就下沉，引動了深層海流。

■ 波浪是流動的能量，大多數的海浪是由風產生的。有三個因素會影響波浪的波高、波長及週期：（1）風速、（2）受風時間、（3）風域（風行經開闊海域的距離）。波浪離開暴風區之後，就稱為湧浪（又稱為長浪），是均勻的、波長較長的海浪。

■ 波浪行進時，水分子藉由圓周運動來傳遞能量，範圍可達水深等於 1/2 波長的深處。當波浪行進至淺水區域，就開始出現物理變化，讓波浪崩塌、破碎，形成碎波。

■ 海灘是由當地沿岸搬運的物質組成。波浪的沖擊壓力以及磨蝕作用（水流帶著岩石碎屑碾磨岩石表面），導致波浪侵蝕作用。波浪偏折的現象稱為波折射，會讓波浪能量集中在岬角周邊，但在海灣中分散。

■ 大部分的海浪會帶著一點角度上岸。每一道碎浪的上岸沖流和回流，會以之字形的模式，沿著海灘搬運沉積物，這樣的運動稱為沿灘漂移。斜角切入岸邊的海浪，也會在碎波帶形成沿岸流，沿岸流的流向大致與海岸平行，搬運的沉積物多於沿灘漂移。

■ 海岸侵蝕地形包括波蝕崖（固碎波切蝕濱海陸地底部而形成）、波蝕棚（因波蝕崖後退而留下的相對平坦、像平台似的表面）和海階（向上抬升的波蝕棚）。侵蝕地形也包括海蝕門（當岬角兩側的海蝕洞穿透相連）和海蝕柱（當海蝕門中間懸空的岩石掉落）。

■ 沉積物經由沿灘漂移和沿岸流搬運之後，可形成沉積地形，像是沙嘴（由陸地側向鄰近海灣出口凸出的狹長隆起沙脊）、灣口沙洲（橫跨了整個海灣出口的沙嘴）和沙頸岬（連接島嶼與主要陸地或兩個島嶼之間的沙脊）。大西洋和墨西哥灣沿岸的海岸平原，主要的濱海地形是堰洲島，堰洲島是平行於海岸的低矮沙脊。

■ 影響濱線侵蝕的當地因素包括：（1）海岸是否臨近挾帶了大量沉積物的河川、（2）板塊構造運動的活躍程度、（3）陸地的地形特徵及地質組成、（4）盛行風和天氣型態、（5）海岸線和近岸地區的形貌。

■ 硬式加固是指在海灘上興建大型、堅固的結構物，用意是要保護海岸免受侵蝕，或避免海灘上的沙子流失。硬式加固工法包括：突堤（垂直於海灘的短堤，藉以留住沿岸搬運的沙子）、防波堤（平行於濱線興建的結構物，藉以減弱大型碎浪的侵蝕力），和海堤（設計成海岸的保護層，不讓海浪越過）。硬式加固的替代方案包括：養灘，也就是重新用沙填滿受侵蝕的海灘，以及徙置已受創或飽受威脅的建物。

■ 由於基本的地質差異，美國東部太平洋沿岸遇到的濱線侵蝕問題，與西岸的侵蝕問題迥然不同。大西洋和墨西哥灣沿岸的開發，許多都位在大型暴風直撲的堰洲島。太平洋沿岸則主要是狹窄的海灘，背對著陡峭的斷崖及海岸山脈；因為水庫興建中斷了河川的自然輸沙管道，導致海灘窄縮，是西岸濱線最主要的議題。

■ 最常用的海岸分類系統，是以海岸相對於海平面的變化來歸類。上升海岸經常可看到波蝕崖和海階，成因是曾經歷經地殼抬升或海平面下降。相反的，下沉海岸則常見到河口灣，成因是海平面上升或臨海陸地下沉。

■ 潮汐是指在某個地點海洋表面高度的每日漲落現象，成因是月球作用在地球上的萬有引力，也有少部分來自太陽引力的影響。月球和太陽二者，各自造成地球兩側的潮汐隆起。隨著地球自轉，兩側的潮汐隆起相對於月球、太陽的位置維持不變，就產生了滿潮（高潮）和乾潮（低潮）的交替變化。大潮發生在接近新月和滿月之時，也就是當太陽、月球和地球成一直線，此時月球和太陽造成的潮汐隆起會加在一起，而形成特別高的滿潮和特別低的乾潮（最大的每日潮差）。相反的，小潮發生在上弦月和下弦月的前後，這時月球和太陽產生的潮汐隆起互成直角，形成最小的每日潮差。

■ 全球各地有三大潮汐型態。全日潮是每天有一次滿潮和乾潮；半日潮代表每天有兩次水位約略等高的滿潮和乾潮；混合潮則是每天通常有水位不等高的兩次滿潮和乾潮。

■ 潮流是潮汐漲退時伴隨發生的水平水流。受到潮流交替進出影響的區域，稱為潮埔。當潮流從狹窄的出入口流向更開闊的水域，流速會減慢，所攜帶的沉積物就開始堆積，最終有可能形成潮汐三角洲。

關鍵名詞解釋

上升海岸 emergent coast　不論是地殼抬升或是海平面下降，讓原本在海平面以下的海岸抬升露出。

下沉海岸 submergent coast　因為海平面上升或地殼沉降，導致先前的地表出現部分下沉特徵的海岸型態。

大潮 spring tide　指潮差最大的時候，通常發生在新月和滿月時。

小潮 neap tide　指潮差最小的時候，通常發生在上弦月或下弦月時。

半日潮 semidiurnal tide　每天有兩次滿潮和兩次乾潮的潮汐型態，而兩次滿潮或兩次乾潮的水位約略等高。

全日潮 diurnal tide　每天只有一次滿潮和一次乾潮。

沙嘴 spit　從陸地向鄰近灣口凸出的狹長隆起沙脊。

沙頸岬 tomobolo　連結陸地與島嶼或兩座島嶼之間的脊狀沙丘。

防波堤 breakwater　平行於濱線，保護海岸免受碎浪侵蝕的結構物。

河口灣 estuary　當海平面上升或陸地沉降，使得原有的河口和河道被海水淹沒，在海洋向內陸側形成漏斗形的進出口。

波折射 wave refraction　海浪抵達淺水區的平緩底坡，波浪開始偏折方向，慢慢變得平行於濱線。這種波折射現象，會讓波浪的能量集中在岬周邊，但在海灣中分散。

波高 wave height　波峰與波谷之間的垂直距離。

波長 wavelength　連續兩個波峰或波谷之間的水平距離。

波浪週期 wave period　連續兩個波峰通過同一定點的時間間隔。

波蝕棚；海蝕平台 wave-cut platform　因為海浪侵蝕形成與海平面同高的階地。

波蝕崖 wave-cut cliff　沿著陡峭濱線形成的面海懸崖，成因是海浪侵蝕及塊體崩壞。

沿岸流 longshore current　平行於海岸流動的近海水流。

沿灘漂移 beach drift　斜角切入濱線的拍岸碎浪，可讓沙子呈之字形沿著海灘搬移。

風域 fetch　風力橫越開闊海域的距離。

科氏效應 Coriolis effect　因地球自轉，而對所有可自由移動的物體（包括大氣及海洋）產生的偏向力。在北半球，偏向力向右，在南半球則向左。

突堤 groin　垂直於海岸的短型結構物，用來攔截沿岸搬運的沙子。

海堤 seawall　預防海浪抵達堤防內側區域的障礙物，目的是為了保護居民財產免遭碎浪破壞。

海階 marine terrace　曾為波蝕棚，後來抬高至海平面以上的濱海地形。

海蝕門 sea arch　海浪侵蝕讓岬角兩側的海蝕洞相連。

海蝕柱 sea stack　矗立在海岸邊的獨立岩體，成因是海蝕門中間懸空的岩石掉落，而與陸地分離。

海灘 beach　沉積物沿著海洋或湖泊的向陸側邊緣累積的範圍。

混合潮 mixed tide　一天有兩次滿潮和乾潮，但兩次滿潮的水位不等高，兩次乾潮的水位也不等高。出現混合潮的沿海地區，也會交替出現全日潮和半日潮的潮型。又稱為混合半日潮。

堰洲島；離岸沙洲島 barrier island　離岸 3 至 30 公里外，平行於海岸線的低矮、狹長沙脊。

湧升流 upwelling　自深海湧升的冷水流，取代表層被移除的溫暖海水。

溫鹽環流 thermohaline circulation　海水因為密度差異而流動，而密度差異的原因來自溫度和鹽度的變化。

硬式加固 hard stabilization 任何用來保護海岸或預防海灘沙源流失的人工結構物，包括突堤、防波堤、海堤等。

碎波；磯波 surf 一堆碎浪的總稱；也代表濱線和最外圍碎浪之間的海浪運動。

養灘 beach nourishment 把大量的沙子重新填進海灘系統，彌補因為海浪侵蝕而流失的沙量。

潮汐 tide 海平面高度的定期變化。

潮汐三角洲 tidal delta 當快速流動的潮流從狹窄的出入口，流向更開闊的水域，流速會變緩，而在出入口附近形成類似三角洲的沉積地形。

潮流 tidal current 海岸邊因為潮汐起落而交替出現的水平水流。

潮埔；海埔地 tidal flat 因為潮汐起落而時隱時現的沼澤或泥狀區域。

磨蝕 abrasion 由風、水或冰攜帶岩石碎屑在岩石表面造成的磨損侵蝕。

環流 gyre 在各大洋的大型、環狀表層洋流模式。

灣口沙洲 baymouth bar 橫跨過整個海灣的沙嘴，阻隔在海灣與開闊海域之間。

1. 驅動表層洋流的主要作用力為何？地球的陸地分布和科氏效應，如何影響這些洋流？

2. 什麼是環流？每個環流中有多少個洋流？請説出有哪五個副熱帶環流，以及每個環流中有哪些主要的表層洋流。

3. 洋流如何影響氣候？請舉例説明。

4. 請描述沿岸湧升流的形成歷程。為什麼這些區域有豐富的海洋生物？

5. 驅動深層海流的作用力為何？為什麼深層海流通常稱為溫鹽環流？

6. 請列出決定波高、波長和波浪週期的三個因素。

7. 請描述漂浮物在波浪通過時的運動方式（可參考圖 10.11）。

8. 請描述海浪行進到淺水區並在海濱破碎時，波速、波長及波高有什麼樣的物理變化？

9. 波浪如何引發侵蝕作用？

10. 什麼是波折射？這個現象在不規則海岸會產生什麼效應？

11. 什麼是沿灘漂移？它與沿岸流的關係為何？為什麼海灘通常被稱為「沙河」？

12. 請描述以下各濱線地形的形成過程：波蝕崖、波蝕棚、海階、海蝕柱、沙嘴、灣口沙洲、沙頸岬。

13. 請列出有可能形成堰洲島的三種方式。

14. 請列出硬式加固工法的類型，並描述每一種工法的功能。這些工法會如何影響海灘上沙子的分布？

15. 圖 10.22 當中的沿岸搬運方向為何？是朝照片的左上角，還是右下角？

16. 請列出硬式加固的兩種替代方案，並指出各自的潛在問題。

17. 請說明美國西岸部分海灘窄縮與河川水壩之間的關係。

18. 有什麼地形特徵可以做為上升海岸的歸類指標？

19. 河口灣與下沉海岸或上升海岸有何關係？請解釋。

20. 請說明潮汐的成因。請解釋為何太陽對潮汐的影響力不到月球的一半，即便太陽的體積遠超過月球。

21. 請解釋一天之中為何可以觀測到兩次水位不等高的滿潮（見圖 10.26）。

22. 全日潮、半日潮和混合潮的差異為何？

23. 請區別漲潮流和退潮流。若想在一個多礁石的淺水港裡駕船，下列哪個時候是最佳時機：漲潮、退潮、滿潮，還是乾潮？

第六部
地球的動態大氣

加熱大氣

學習焦點

留意以下的問題，
對掌握本章的重要觀念將相當有幫助：

1. 什麼是天氣？天氣和氣候有何不同？
2. 天氣和氣候的基本要素有哪些？
3. 潔淨的乾空氣主要成分有哪些？
4. 什麼是臭氧？為什麼臭氧對地球上的生命很重要？
   臭氧主要集中在大氣的哪一層？
5. 季節是如何形成的？
6. 中午的太陽角度和白天的長度在冬至到春分、
   夏至到秋分之間，如何改變？
7. 太陽輻射被地球攔截後，行徑如何？
8. 大氣是如何被加熱的？
9. 人類如何影響全球氣候？
10. 導致各地溫度不同的原因有哪些？

地球的大氣是獨一無二的。就我們目前所知，太陽系其他行星的大氣都與地球大氣不一樣。地球大氣擁有精確適當的混合氣體或維持生命必要的溫度和水氣條件。地球大氣的氣體組成和大氣調節機制，對於生物能否生存影響至深。本章要探討的，是我們生活都離不開的空氣之海。例如：大氣的組成成分是什麼？大氣層的盡頭在哪裡？外太空從哪裡開始？季節如何形成？空氣如何變熱？控制全球溫度變化的因素有哪些？

天氣會影響我們每天的日常生活、工作、健康以及舒適度。大多數的人不太重視天氣，除非天氣對我們造成不便，或讓我們更能盡情享受戶外的樂趣。然而，在自然環境中對生活影響最多的，就是我們統稱為「天氣」的各種現象。

居住最多人口的北半球，涵蓋範圍從熱帶地區一直到北極圈，有長達幾千公里的海岸線，也有不受海洋影響的廣闊內陸。地形有高山峻嶺，也有連綿平原；太平洋風暴會侵襲亞東和美西海岸，美東和歐洲西部則時常受到大西洋及墨西哥灣的天氣狀況影響。至於中緯度地區，當北邊往南吹的酷寒冷氣團遇上由南往北移動的氣團時，總是會引發天災。

報導和天氣有關的消息是每天新聞的例行公事。報章雜誌和新聞提到酷熱、寒冷、淹水、乾旱、濃霧、冰雪、強風等天災算是家常便飯，而各種各樣的風暴也常成為頭條新聞。天氣不但直接影響到每個人的生活，也會影響農業、能源使用、水資源、交通運輸和工業，進而對世界經濟造成極大的衝擊。

天氣顯然對人類的生活影響至深，而人類同樣會影響大氣和大氣的行為，明白這一點很重要。現在和未來許多重大政治和科學政策的決定，都與天氣和人類交互作用造成的影響有關。重要的例子如空氣汙染防治、人類活動對全球氣候和大氣臭氧層造成的影響等。因此我們必須要加強對大氣及大氣行為的認知和瞭解。

根據美國國家氣候資料中心（National Climate Data Center）的資料顯示，
從 1980 年到 2008 年間，美國發生和天氣有關的災害高達九十次，
每次造成的損失達十億美金或更多，
總損失超過七千億美金（以 2007 年美金幣值計算）。

 # 天氣與氣候

　　包裹著我們地球的大氣是無形無狀看不見的空氣。地球的運行和太陽提供的能量共同驅動大氣，形成千變萬化的天氣，並產生地球氣候的基本型態。天氣和氣候雖然不盡相同，卻也有許多共通處。

　　天氣一直在變化，可能逐時而變，也可能逐日而變。所謂天氣便是某地區在短時間內的大氣狀態。儘管天氣一直變來變去，有時似乎難以捉摸，然而這些變化卻可以歸納出一套規則，這種綜合天氣狀態的描述便稱為**氣候**，是根據多年的觀測累積而來的。常有人把氣候簡單定義為「平均天氣」，但是這樣的定義並不恰當。要更精確描述某個地區的氣候特徵，應該也要涵蓋其變異和極端情形，以及這些特殊情況發生的機率。舉例來說，農夫不僅要知道農作物生長季節的平均降雨量，也要知道雨水過多和乾旱多少年會發生一次。因此氣候可說是描述某個地點或地區天氣資訊，所有統計數據的總合。

　　假設你正計劃去一個陌生的地方旅行，你或許會想知道那裡的天氣如何，才知道要帶什麼樣的衣服，和決定在那裡要參加什麼活動。可惜數天以上的天氣預報並不是很可靠，所以你最好找熟悉當地的人，問問天氣大

致如何。例如:「常有大雷雨嗎?」「晚上會變冷嗎?」「下午會不會出太陽?」這些資訊都和氣候有關,也就是當地典型的天氣狀況。另外,各式各樣的氣候圖表、地圖以及統計曲線圖也是很有用的資訊來源。例如圖 11.1 的曲線圖,顯示美國紐約市每個月的平均每日最高溫及最低溫,以及該月曾出現的極端溫度。

這類資訊對你的旅遊計畫的確很有用,但是氣候資料並不能用來預測天氣,明白這點是很重要的。雖然從氣候上來看,某個地方在你計劃去度假的時節,通常溫暖晴朗且乾燥,你卻可能偏偏遇上陰冷多雨的天氣。有句俗話可以為此做為總結:「氣候是你所期望的,天氣卻是你所得到的。」

天氣和氣候的狀態可以用同樣的基本氣象**要素**來表示,就是我們定期測量的那些氣象數值或特性。最重要的氣象要素有(1)氣溫、(2)溼度、(3)雲狀和雲量、(4)降水型態和降水量、(5)氣壓、(6)風向和風速。這些氣象要素是用來描述天氣型態和氣候類型的主要變數。即使你原本想分別研究這些氣象要素,可別忘了這些要素是彼此密切相關的,某個要素的變化總會讓其他要素也跟著改變。

你知道嗎?

為了準確預測天氣,需要來自全球各地的資料,因此聯合國成立了世界氣象組織(World Meteorological Organization, WMO),來協調有關天氣和氣候的科學活動,目前組織的成員有一百八十九個國家和地區(譯按:截至 2009 年 12 月)。WMO 的世界氣象守視(World Weather Watch, WWW)透過各組織成員運作的觀測系統,提供最即時且標準化的觀測資料。這套全球觀測系統包含十個氣象衛星、約有一萬個地面觀測站和七千個船舶測站,以及數百個自動化資料浮標和數千架飛機。

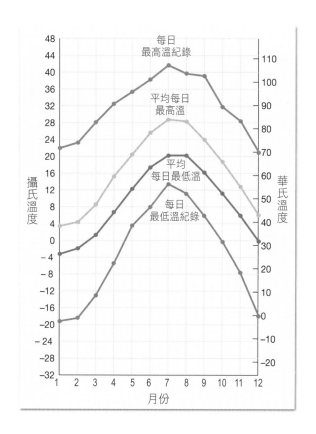

圖11.1　美國紐約市的每日溫度曲線圖。除了每個月份的平均每日最高溫及最低溫外，還有該月份曾出現的極端溫度。如本圖所示，極端溫度值與平均值可能有很大的差距。

大氣的組成

　　空氣並不是特定的元素或化合物，而是由許多不同氣體混合而成的混合物，每種氣體都具有獨特的物理性質，另外還有數量不等的微小固態和液態分子懸浮在空氣中。

空氣的主要氣體成分

空氣的氣體組成並不是固定的，而是會隨時間和地點而不同。如果移除大氣中的水氣、灰塵和其他成分，會發現從地面直到八十公里的高度，全球大氣的氣體組成都是很穩定的。

如圖 11.2 所示，潔淨的乾空氣幾乎全是由兩種氣體組成：78％的氮氣和 21％的氧氣。雖然這兩種氣體的含量是空氣中最豐沛的，對地球上的生物來說也是最重要的，但它們對天氣現象的影響卻微乎其微。剩下 1％的乾空氣中，主要是惰性氣體氬（占 0.93％），加上其他一些微量氣體。二氧化碳雖然只占了極微少的量（0.038％），卻是空氣中非常重要的成分，因為二氧化碳能吸收地球輻射出的熱量，進而影響大氣的加熱。

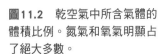

圖11.2 乾空氣中所含氣體的體積比例。氮氣和氧氣明顯占了絕大多數。

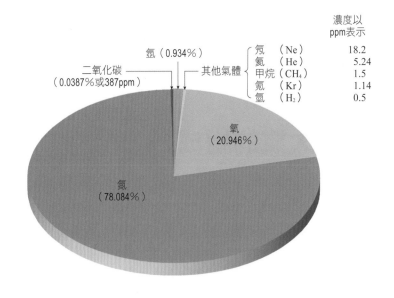

空氣的變動氣體成分

空氣中包含的許多氣體和分子，會隨時間和地點有很顯著的改變，例如水氣、塵埃粒子和臭氧等。雖然它們占的比例很小，對天氣和氣候卻有明顯的影響。

水氣

空氣中水氣含量的變化相當大，有的空氣幾乎完全不含水氣，有的可達 4%（以體積而言）。為什麼大氣中水氣含量這麼少，卻如此重要？無疑的，水氣是所有雲和降水的來源，這點便足以說明其重要性。然而，水氣還扮演其他的角色。和二氧化碳一樣，水氣也會吸收地球輻射出的熱，以及一些太陽能。因此對於研究大氣的加熱來說，水氣是很重要的。

水的狀態改變時（參考圖 12.1）會吸收或釋出熱能，這種能量稱為潛熱（latent heat），意思就是「隱藏」的熱。往後幾章我們也會學到，大氣中的水氣會把潛熱從某地傳送到其他地方，這就是驅動風暴的能量來源。

氣懸膠

大氣的運動足以讓大量的固態和液態粒子保持懸浮在大氣中。雖然可見的塵埃有時候會遮蔽天空，但這些較大的粒子太重了，以致於無法長期停留在空氣中。另外很多粒子非常微小，可以在空中懸浮相當長的時間。這些粒子的來源可能是天然的，也可能是人造的，包含來自碎浪的海鹽、細微的沙土、火燃燒時的煤煙、被風或火山爆發的火山灰揚起的花粉和微生物等等（圖 11.3）。這些微小的固態或液態粒子統稱為**氣懸膠**。

///

圖11.3　這幅2002年11月的衛星雲圖顯示了兩個氣懸膠的例子。有一場大規模的沙塵暴穿越中國東北部吹向朝鮮半島。另一團向南移動（中間下方）的濃霾，則是人為的空氣汙染。（Photo by NASA）

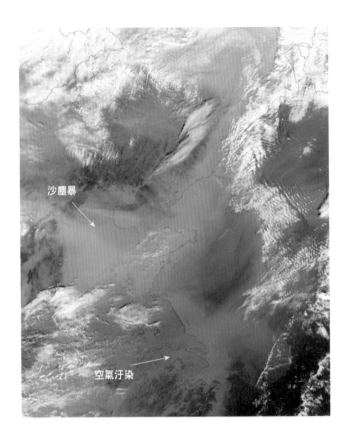

沙塵暴

空氣汙染

　　從氣象的角度來看，這些通常看不見的微小粒子卻可能極為重要。首先，水氣會凝結在這些粒子的表面上，這個作用對雲和霧的形成很重要。再者，氣懸膠會吸收或反射太陽輻射。因此當發生了空氣汙染事件或火山爆發後空中瀰漫火山灰時，到達地表的太陽光會明顯減少。

　　此外，氣懸膠對於某種光學現象的貢獻有目共睹，那就是日出和日落時分燦爛的紅橙彩霞。

臭氧

臭氧是大氣中另一個重要的成分。臭氧（O_3）是由三個氧原子所組成的分子，我們呼吸的氧（O_2）則是每個分子有兩個氧原子。大氣中的臭氧含量很低，且分布並不均勻。臭氧集中在離地表約十到五十公里之間的區域，也就是所謂的平流層。

在平流層高度，氧分子（O_2）會吸收太陽紫外輻射，分解成兩個氧原子（O），當一個氧原子（O）與一個氧分子（O_2）碰撞結合便會生成臭氧。臭氧生成時必須要有某種中性分子充當催化劑，才能進行反應，而催化劑本身在反應過程中並不會消耗。臭氧會集中在十到五十公里的高度範圍，是因為該處具有決定性的必要條件：此處有充分的太陽紫外輻射可以產生單一的氧原子，以及這裡有足夠的氣體分子來引發必要的碰撞。

大氣中的臭氧層對地球萬物非常重要，因為臭氧能吸收太陽光中有害的紫外線。如果臭氧沒有過濾掉大部分的紫外輻射，讓它長驅直入到達地表，則地球上已知的大部分生物將無法生存。因此，大氣中任何會減少臭氧含量的物質，都會影響地球生物的安危。這個問題確實存在，下節將進一步詳述。

◤ 臭氧耗竭——全球性的議題

雖然平流層臭氧離地面十到五十公里遠，卻難以逃脫人類活動的影響。人類產生的化學物質一直在破壞平流層的臭氧分子，減弱我們的紫外線防護罩。臭氧的減少是全球性的嚴重環境問題，過去二十年的測量結果，已證實全球都面臨臭氧耗竭危機，這現象尤其在地球南、北極上空特別顯著。由圖 11.4 可看出南極上空臭氧耗竭的結果。

過去半世紀以來，人類汙染大氣，也無意中讓臭氧層陷入危機，最大

圖11.4 這幅衛星影像顯示的是2009年9月17日南半球的臭氧分布圖,臭氧減少最多的區域稱為「臭氧洞」,深藍色區域表示臭氧最稀薄。平均臭氧濃度大約是三百杜柏生單位(Dobson Unit),而臭氧濃度小於二百二十杜柏生單位的區域,便可視為臭氧洞的一部分。臭氧洞在南半球春季形成於南極上空,2009年時,其最廣範圍超過二千四百萬平方公里,差不多和北美洲一樣大。最大的臭氧洞紀錄發生在2006年,大約是二千九百萬平方公里。(photo by NASA)
(譯按:1杜柏生單位相當於0℃和1大氣壓下,1公釐厚的臭氧。這是臭氧濃度的標準單位,簡稱DU。)

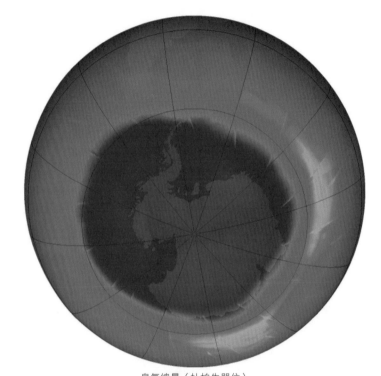

臭氧總量(杜柏生單位)

110　220　330　440　550

的罪魁禍首就是氟氯碳化物(簡稱 CFC)。幾十年來,CFC 的用途相當廣泛,例如空調和冰箱的冷卻劑、電器零件的清潔溶劑、氣膠噴霧器的推進劑以及某種發泡塑膠等。

　　由於 CFC 在低層大氣幾乎是惰性氣體(不容易起反學反應),有些便逐漸擴散至臭氧層中,太陽光將這些化合物分解成個別的原子,其中的氯原子便會破壞臭氧分子。

　　因為臭氧會過濾掉大部分的太陽紫外輻射,臭氧濃度減少便會讓更多

雖然平流層中自然生成的臭氧對地球上的生物很重要，在地面高度生成的臭氧卻被視為汙染物，因為它會損害草木及危害人類健康。臭氧是光化煙霧（一種有害的氣體與微粒混合物）的主要成分，光化煙霧乃汽、機車和工業汙染源排放出的汙染物，受太陽光觸發進行作用得到的產物。

你知道嗎？

的這些有害太陽光到達地表，對人類健康造成威脅，最嚴重的就是增加皮膚致癌的風險。有害的紫外輻射增加還會損害人類的免疫系統，以及引起白內障，讓眼球水晶體變混濁，導致視力衰退，若不就醫甚至會失明。

為了解決這個問題，世界各國在聯合國主導下展開協議，決定減少生產及使用 CFC，此項國際公約稱為蒙特婁議定書。

即使已經採取相當強硬的措施，大氣中的 CFC 含量並未立即減少。CFC 分子進入大氣後，需要很多年才會到達臭氧層，一旦到達便會持續活躍長達幾十年，所以很難在短期內減緩臭氧層危機。根據美國環保署的資料，1998 年之後全球大部分地區的臭氧層並沒有再變薄。預估 2060 年至 2075 年之間，會消耗臭氧的氣體，在大氣中的含量可望降回到 1980 年代臭氧洞開始形成之前的數值。

大氣的垂直結構

若說大氣是從地表開始向上延伸，此乃顯而易見。然而，大氣層的盡頭在哪裡？外太空從哪裡開始？其實並沒有明確的分界；大氣一遠離地表很快就變稀薄，直到氣體分子少到無法偵測為止。

氣壓變化

要瞭解大氣的垂直範圍,先要探究氣壓隨高度的變化。氣壓其實就是上方空氣的重量,海平面高度的平均氣壓略大於 1000 毫巴(millibar, mb),相當於每平方公分上承受略大於一公斤的重量。顯然,高度愈高,氣壓就愈低(圖 11.5)。

圖11.5 氣壓隨高度的變化圖。隨高度增加的氣壓直減率並非常數,在地表附近氣壓降低得較快,高度愈高則降低得愈緩慢。換個方式來看,圖中顯示大氣的組成氣體有極大量非常接近地表;愈往上,氣體逐漸融入虛無的太空。

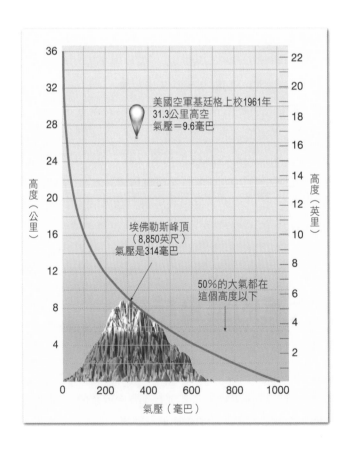

　　大氣有一半是在 5.6 公里的高度以下，90％的大氣在大約 16 公里高的地方就遭到橫阻，到了 100 公里以上，大氣中只剩餘 0.0003％的氣體。即使如此，還是有微量的大氣延伸遠超過此高度，逐漸融入虛無的太空。

◗ 溫度變化

　　二十世紀初，我們對於低層大氣已有不少認識，高層大氣則是用間接的方法得到一知半解。從氣球和風箏獲得的資料顯示，近地表的氣溫隨高度升高而下降，爬過山的人就能感受這種現象，而從平地無雪對比山頂積雪的照片（圖 11.6）也可明顯看出。

　　我們以溫度為依據，把大氣以高度垂直劃分為四層（圖 11.7）

對流層

　　我們所居住的大氣最底層稱為**對流層**，對流層的溫度隨高度升高而降低。從字面上來看，對流層是指空氣「對流」的區域，而這個區域與發生在這最底層的多變天氣有關。對流層是氣象學家主要的關注焦點，因為所有重要的天氣現象都發生在這一層。

　　對流層的溫度隨高度下降，稱為**環境直減率**。雖然其平均值是每 1 公里下降 6.5℃，亦即所謂的正常直減率，但環境直減率是會變動的。若想知道任何特定時間、地點的實際環境直減率，以及蒐集氣壓、風場、溼度的垂直變化資料，無線電探空儀便派上用場。**無線電探空儀**（或稱為**雷送**）是綁在探空氣球上的一組儀器，當它隨氣球升空時，可以藉由無線電傳送資料（圖 11.8）。

　　對流層的厚度因地而異，隨緯度和季節而變。平均來說，溫度會持續下降至大約 12 公里的高度，稱為對流層頂的對流層外邊界。

圖 11.6　對流層的溫度隨高度增加而遞減（原因在本章稍後會作說明），因此才會有山頂積雪，而平地卻溫暖無雪的景象。（Photo by iStockphoto/Thinkstock）

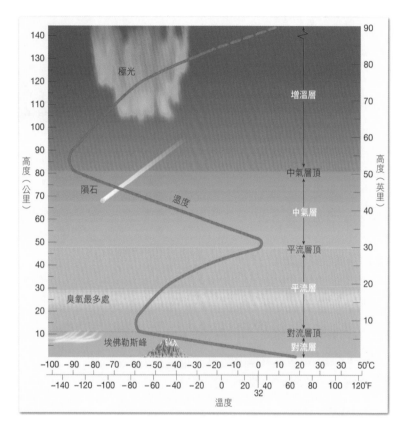

/// **圖11.7** 大氣的溫度結構。

/// **圖11.8** 無線電探空儀是一組重量很輕的儀器,由探空氣球攜帶升空。無線電探空儀能夠提供溫度、氣壓和溼度的垂直變化資料。
（Photo by NOAA/Seattle）

平流層

　　對流層頂再往上稱為**平流層**。溫度在平流層大致維持不變，一直到 20 公里高，接著再往上便開始持續增溫，直到平流層頂，此時離地表高度約為 50 公里。在對流層頂以下，大氣的特性例如溫度和溼度，都是靠大尺度的亂流或混合，迅速傳送。在平流層則非如此，平流層溫度隨高度增溫，是因為大氣的臭氧集中在這一層，別忘了臭氧會吸收太陽紫外輻射，以此加熱平流層。

中氣層

　　大氣的第三層稱為**中氣層**，此層溫度又開始隨高度遞減，直到離地表 80 公里的中氣層頂，溫度降到 − 90℃。中氣層頂是大氣層中溫度最低的地方，因為我們很難進入中氣層，所以對其瞭解最少。飛得最高的研究用氣球和在最低軌道運行的衛星，都無法到達中氣層，但近來科技發展，正開始彌補這部分的知識空白。

增溫層

　　大氣的第四層稱為**增溫層**，是從中氣層頂向外延伸，跟中氣層沒有明確的界限，其中含有極少部分的大氣質量。在最外這層非常稀薄的大氣中，因為氧原子和氮原子吸收高能量的太陽短波輻射，溫度又再次隨高度遞增。

　　增溫層的溫度可升至 1,000℃以上，但是這種溫度和近地表溫度是無法相比的。溫度可定義為分子運動的平均速率，由於增溫層氣體的運動速率非常快，因此溫度很高。但因為太稀薄了，所以整體含的熱量微不足道。正因如此，增溫層的軌道運行衛星，其溫度事實上是以吸收的太陽輻射量

來決定，而不是取決於幾乎不存在的周遭空氣溫度。假如人造衛星裡的太空人把手伸到大氣中，其實並不會覺得很熱。

 # 地球與太陽的關係

　　永遠不要忘記，驅動地球天氣和氣候變化的所有能量，幾乎全都來自太陽。地球截獲的太陽能只占極微小的比例，小於二十億分之一。看起來似乎微不足道，但這已是美國全國總發電量的幾十萬倍。

　　太陽能並非平均分布在地球的海洋或陸地上，各地接收到的能量會隨緯度、時間、季節而變。從冰筏上的北極熊和偏遠熱帶沙灘上的棕櫚樹照片對比下，便可看出兩個最極端的例子。由於地球各地的受熱不均等，因而產生風和驅動洋流，藉由這些運動可把熱帶的熱傳送到兩極，持續不斷維持能量平衡，這種種過程的結果就是我們所謂的天氣現象。

　　假如太陽「罷工」，這世界很快便不再起風。只要太陽一直照耀大地，風就會永遠吹拂，我們熟悉的天氣現象也會持續存在。因此，要瞭解大氣層中變化多端的天氣，首先就要知道：不同緯度地區所接收的太陽能為何不同？太陽能的改變為何會產生季節變化？你將會學到，太陽加熱的差異是因為地球繞太陽公轉，以及地球的海陸分布情形所造成的。

地球的運行

　　地球有兩種主要的運行：自轉與公轉。**自轉**就是地球繞著本身的地軸轉動，地軸是一條穿越兩極的虛構直線。地球每二十四小時自轉一圈，產

生白天與黑夜的日循環；不論何時，當一半的地球處於白天，另一半便是黑夜。將地球分為白天和黑夜的分界線稱為**晨昏線**。

公轉指的是地球沿其軌道，繞太陽運行。幾百年前，人們曾以為地球在太空中固定不動，而太陽和星辰則繞著地球運行。如今我們知道，地球以時速超過 10 萬 7 千公里，沿其軌道繞行太陽。

季節

我們都知道冬天比夏天冷，但為什麼會這樣？顯然白天的長短不同是原因之一。夏季白天較長，我們接觸的太陽輻射較多，反之，冬季白天較短，接觸的太陽輻射較少。

此外我們也注意到，中午太陽在地平線上的角度會逐漸改變（圖 11.9）。在仲夏，中午太陽高掛地平線上；而從夏季轉變到秋季時，中午時太陽便顯得較低，日落黃昏也提早來臨。我們觀察到的，就是太陽角度的年變化，稱為太陽高度。

太陽高度的季節變化會影響地表接收的能量，分為兩部分來說，首先，當太陽高掛天空，陽光大部分是集中的（從圖 11.10A 可看出）。太陽的角度愈低，到達地表的太陽輻射便愈分散且強度愈弱（圖 11.10B、C）。拿手電筒垂直照射地面，然後改變角度再觀察，便可瞭解此原理。

另外，太陽角度會決定陽光穿透大氣所要經過的厚度（圖 11.11），這點的重要性較前者為低。當太陽在頭頂正上

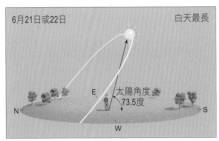

A. 夏至

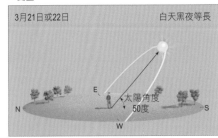

B. 春分或秋分

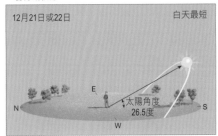

C. 冬至

圖 11.9　位於緯度四十度某地的每日太陽路徑圖。A 夏至，B 春分或秋分，C 冬至。當從夏季轉變到冬季，中午太陽的角度從 73.5 度減少到 26.5 度，相差 47 度。同時也要注意日出（東方）和日落（西方）的位置在一年之中如何變化。

方時，陽光穿透的是一個大氣層的厚度，但當陽光以 30 度斜角照射時，穿透的卻是大氣層厚度的二倍。以 5 度斜角照射時，幾乎等於穿透十一倍的大氣層厚度。穿透的路徑愈長，陽光由大氣吸收、反射或散射的可能性就愈大，這些都會降低抵達地面時陽光的強度。同理，這些作用也是我們無法直視正午的太陽，卻可以盡情欣賞落日的原因。

很重要的是，別忘了地球是圓的。任何一天，只有在某些特定緯度的地方可以接收到太陽的垂直（90 度）照射，當我們從該處向南或向北移動時，太陽照射的角度都會變小。愈接近陽光直射的緯度，中午的太陽便愈高，接收的輻射強度也愈強（圖 11.11）。

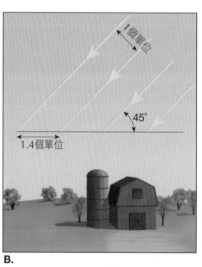
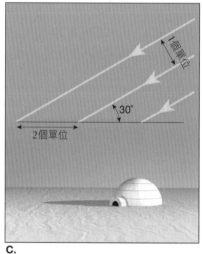

圖11.10　太陽角度改變，使到達地表的太陽能也有所變化。角度愈高，太陽輻射強度愈強。

地球方位

是什麼原因造成每年太陽角度和白天長短的變化？由於地球繞行太陽公轉，地球相對於太陽的方位不斷改變，才會有前述的變化。地軸（地球自轉時，那條穿越兩極的虛構直線）和地球繞太陽公轉的軌道面並非垂直，而是與垂直線相交 23.5 度，如圖 11.11 所示。這就是所謂的**軸傾斜**。如

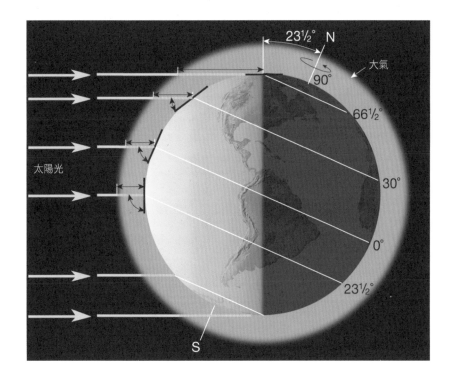

圖11.11　太陽光以低角度（向兩極）照射地球時，比以高角度（赤道附近）照射時經過較多的大氣，所以會因反射和吸收而損耗較多。

果地軸不傾斜，就不會產生季節變化。而且，由於地球繞日公轉時，地軸持續指向同一方向（指向北極星），地軸與太陽光的相對方位也不斷改變（圖 11.12）。

舉例來說，每年 6 月的某一天，地球在繞日軌道的位置使北半球朝向太陽傾斜 23.5 度（圖 11.12 左）。六個月之後，到了 12 月，地球運行到了軌道的另一邊，北半球變成遠離太陽傾斜 23.5 度（圖 11.12 右）。兩種極端情形之間的日子，地軸與陽光的傾斜角便小於 23.5 度。這樣的方位改變，使陽光直射的地點每年會在赤道以北 23.5 度和赤道以南 23.5 度之間來回變動。

圖11.12 地球與太陽的關係。

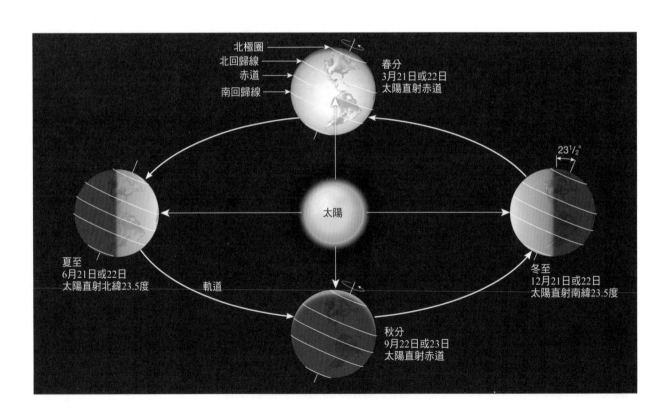

　　這樣的變動，使位於緯度 23.5 度以上的地區，正午太陽角度在一年間的變化高達 47 度（23.5 度加 23.5 度）。舉例來說，當 6 月陽光直射北半球能夠到達的最遠地方時，位於中緯度的紐約市（約北緯 40 度）正午的太陽角度達到最大的 73.5 度，六個月之後，正午太陽角度變成最小的 26.5 度。

冬至、夏至與春分、秋分

　　鑑於每年陽光直射的變動和其對於天氣循環的重要性，歷史上有四個日子被賦予特別的意義。6 月 21 日或 22 日這天，地球的位置使地軸北端朝向太陽傾斜 23.5 度（圖 11.13A），此時陽光直射位於北緯 23.5 度的地區（赤道以北 23.5 度），稱為**北回歸線**。對於北半球的人來說，這一天便是所謂的**夏至**，夏天從這天正式開始。

　　六個月後，大約 12 月 21 日或 22 日，地球位於太陽另一邊，此時陽光直射位於南緯 23.5 度的地區（圖 11.13B），稱為**南回歸線**。對於北半球的人來說，這天就是**冬至**。然而對於南半球的人來說正好相反，這天是南半球的夏至。

　　3 月 21 日或 22 日則是**春分**。在這兩天，太陽直射赤道（零緯度），因為地球在繞日軌道的位置，正好讓地軸不朝向太陽傾斜，也不遠離太陽傾斜（圖 11.13C）。

　　白天和黑夜的長短也取決於地球位於繞日軌道的位置。6 月 21 日，北半球夏至的日長夜短，從圖 11.13A 來看，比較某個緯度在晨昏線白天部分和黑夜部分的比例，便可證實。反之亦然，在冬至變成夜長日短。舉紐約市為例來做比較，6 月 21 日的白天約有十五小時，12 月 21 日白天則只有約九小時（見圖 11.13 和表 11.1）。從表 11.1 也可看出，在 6 月 21 日，冬至到夏至之間有兩個分點。9 月 22 日或 23 日這天是北半球的**秋分**，當你離赤道往

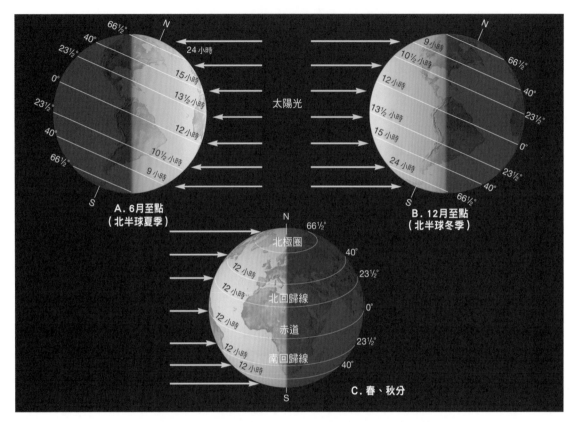

A. 6月至點
（北半球夏季）

B. 12月至點
（北半球冬季）

C. 春、秋分

〰 圖11.13 分點和至點的特徵，以及各地該天的日照時數。

你知道嗎？

夏威夷是美國各州中唯一會受太陽直射的州，
因為其他州都位於北回歸線以北。
檀香山位於北緯 21 度左右，所以每年陽光直射兩次，
一次約在 5 月 27 日正午，另一次約在 7 月 20 日正午。

表11.1 白天長度

緯度	夏至	冬至	春、秋分
0	12 小時	12 小時	12 小時
10	12 小時 35 分	11 小時 25 分	12 小時
20	13 小時 12 分	10 小時 48 分	12 小時
30	13 小時 56 分	10 小時 04 分	12 小時
40	14 小時 52 分	9 小時 08 分	12 小時
50	16 小時 18 分	7 小時 42 分	12 小時
60	18 小時 27 分	5 小時 33 分	12 小時
70	24 小時（持續 2 個月）	0 小時 0 分	12 小時
80	24 小時（持續 4 個月）	0 小時 0 分	12 小時
90	24 小時（持續 6 個月）	0 小時 0 分	12 小時

北愈遠，白天便愈長。當你到達北極圈（北緯 66.5 度），白天長達二十四小時，這是「子夜太陽」的國度，北極的子夜太陽約六個月都不落下。

分點（equinox）的英文原意就是「等長的夜」，地球各地的白天都是十二小時，因為晨昏線正好通過南、北極，把緯度平分為兩半（圖 11.13C）。

現在為北半球夏至做個整理，請參考圖 11.13 與表 11.1，並考慮以下幾個事實：

1. 夏至發生在 6 月 21 或 22 日。

2. 太陽剛好直射北回歸線（北緯 23.5 度）。

3. 北半球地區在夏至當天的白天，是一年當中最長的（剛好與南半球相反）。

4. 在北回歸線上的地區，這天正午太陽的角度最高（剛好與南回歸線相反）。

5. 愈往赤道以北的地方前去，白日漸長，直到抵達北極圈為止，在北極圈，白天達二十四小時（剛好與南半球相反）。

而冬至時，情況便相反。現在我們應該可以理解，中緯度地區夏天較熱的原因，因為夏季時中緯度地區白日較長，且太陽高度最高。

總結來說，到達地表的太陽能會有季節變化，是由於太陽光直射的位移，導致了太陽角度變化與白天長短不同所造成的。這些變化進而造成熱帶以外的各地，每個月的溫度差異。圖 11.14 顯示位於不同緯度城市的月平均溫度，緯度愈靠近極區的城市，夏季和冬季的溫度差異也愈大；反之，愈靠近赤道的城市，差異愈小。南半球各地溫度最低的月份是 7 月，北半球各地溫度最低則大多是在 1 月。

同緯度的所有地方，太陽角度和白天長度都一樣。假如地球和太陽的關係是決定溫度的唯一因素，可想而知這些地方的溫度將會一致。但事實顯然並非如此。本章後續將會探討影響溫度的其他因素。

能量、熱和溫度

宇宙是由物質和能量聯合構成的。物質的觀念較容易接受，因為我們能看到、聞到或摸到這些「東西」。相反的，能量是抽象的，很難加以描述。以實際應用來說，我們把能量簡單定義為做功的能力。每當物質被移動，便是功的作用結果。你可能很熟悉各種能量的形式，例如熱能、化學

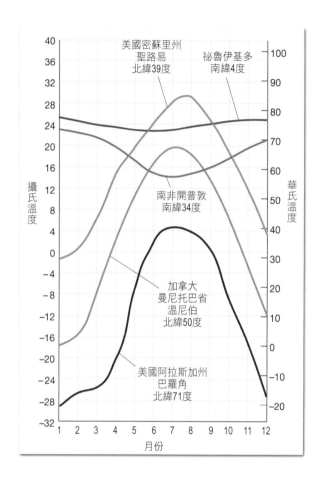

//////////////////////////////////////

圖11.14 位於不同緯度五座城市的月平均溫度。其中南非開普敦的冬天是在6、7、8月。

能、核能、輻射（光）能、以及重力能等。其中有一種稱為動能的能量形式與物質的運動有關。物質是由原子或分子組成的，原子和分子不停的在運動，因此物質內部的原子和分子皆含有動能。

　　熱和熱能通常被視為同義詞。熱是某物質因其原子或分子的內部運動所擁有的能量。當某物體加熱時，其原子的運動會愈來愈快，導致熱含量

增加。另一方面，**溫度**與某物質原子或分子的平均動能有關，換句話說，熱這個字眼通常指能量多寡，而溫度則是指能量強度，也就是熱的程度。

熱與溫度是密切相關的概念，熱是由溫度差異引起的能量流動。在所有情形下，熱都是從較暖的物體傳遞到較冷的物體。因此若兩個溫度不同的物體接觸，較暖的物體會變冷，而較冷的物體則會變暖，直到兩者達到同樣的溫度。

 # 熱的傳遞機制

熱的三種傳遞機制為傳導、對流與輻射。雖然我們將這些機制分別表示，它們在大氣中卻是同時進行的。另外，熱便是藉由這些機制在地表（陸地及水面）和大氣間互相傳遞。

▶ 傳導

我們對傳導都很熟悉。只要碰過熱鍋上金屬湯匙的人，都曾發現從湯匙傳導過來的熱。**傳導**是物質藉由分子活動來傳遞熱。分子間互相碰撞，熱便從高溫處流向低溫處，分子的能量便藉此來傳遞。

各種物質的熱傳導能力都不一樣，金屬是很好的熱導體，被熱金屬燙過的人都知道（圖 11.15）。相反的，空氣是不良的熱導體，因此傳導只對地表與直接接觸地表的空氣才重要。對於整體大氣的熱傳遞來說，傳導的重要性最低。

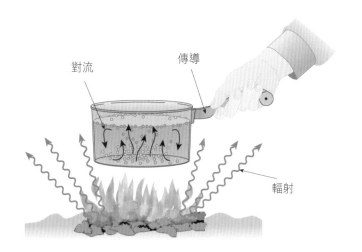

對流

傳導

輻射

圖11.15　熱傳遞的三種機制為傳導、對流與輻射。

對流

　　大氣中的熱傳送大多是靠對流。**對流**是藉由物質中的質量運動或循環來傳遞熱。對流發生在流體裡（液體如海洋、氣體如空氣），因為其中的原子和分子可以自由運動。

　　圖 11.15 中的一鍋水，可用來說明簡單對流循環的性質。火的輻射將鍋底加熱，然後把熱傳導給接近容器底部的水。水受熱後會膨脹，密度變得比上方的水還小，於是浮力使較暖的水往上升；同時，鍋子上方較冷、密度較大的冷水往下沉，接著又被加熱。只要水的加熱不均勻（只有從鍋底加熱），水就會一直翻來覆去，產生對流循環。同理，低層大氣藉由輻射和傳導所獲得的大部分熱，會以對流方式來傳送。

　　以全球的角度來看，大氣中的對流產生了全球性的極大空氣環流，在炎熱的赤道地區和酷寒的極區之間，負責重新分配熱。第 13 章會詳細討論這個重要的過程。

輻射

　　熱傳遞的第三種機制為**輻射**。如圖 11.15 所示，輻射從源頭往各個方向傳出去，不像傳導或對流需要經由介質來傳送，輻射能量可輕易在真空中傳送。把太陽能傳送到地球的，就是熱傳遞機制中的輻射作用。

　　從日常經驗中，我們知道太陽會發出光和熱，還有會讓我們曬黑的紫外線。雖然這些能量形態包含了從太陽輻射出來總能量的絕大比例，卻僅是一系列稱為輻射或**電磁輻射**能量的一部分。這一系列的電磁能量（波譜）如圖 11.16 所示。所有輻射，無論是 X 射線、微波或無線電波，都是以每秒三十萬公里的光速在真空中傳送能量，在大氣中的傳送速率僅稍慢一些。

　　能量不需經由介質在真空中傳遞，這種似乎是不可能的現象，曾讓

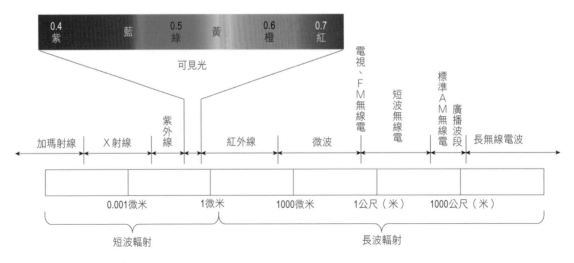

圖11.16 電磁波譜，說明波長及不同形式輻射的名稱。

十九世紀的物理學家感到困惑。因此他們假設有種稱為以太的物質存在於太陽和地球之間，認為輻射是經由這種介質來傳送能量，方式類似空氣傳送聲波。當然這並不正確。現在我們都知道，就跟重力一樣，輻射並不需藉由物質來傳送。

就某方面來說，輻射能的傳送類似開闊海洋上的波浪運動。和海浪一樣，電磁波也有不同的大小。對我們而言，電磁波最重要的特性是波長，也就是波峰與波峰之間的距離。無線電波的波長最長，可達幾十公尺；加瑪波的波長最短，小於十億分之一公分。

顧名思義，**可見光**是波譜中唯一我們肉眼可見的光。我們通常把可見光視為「白」光，因為它看起來就像是顏色中的「白色」。然而，白光其實是由各種顏色混合而成的，每種顏色有對應的特定波長（圖 11.17）。用稜鏡來看，可把白光分成一系列的彩虹顏色。圖 11.16 說明紫光的波長最短（0.4 微米），紅光的波長最長（0.7 微米）。

鄰近紅光、波長比紅光更長的稱為**紅外線**，我們無法看見紅外線，但可以察覺到它的熱。最靠近紫光的不可見光波稱為**紫外線**，它正是在陽光下劇烈曝曬後，引起曬傷的罪魁禍首。雖然我們把輻射能量依我們感知能力來分類，其實所有輻射形式基本上都一樣。任何形式的輻射由某物體吸收後，就會增加分子的運動，導致溫度升高。

要進一步理解大氣如何被加熱，最好大概認識輻射的基本定律：

1. 所有物體在任何溫度下都會輻射出能量。因此不只是熱如太陽的物體，地球（包括極地的冰冠）也會不斷輻射出能量。
2. 較熱的物體每單位面積輻射出的總熱量，多於較冷的物體。
3. 輻射體的溫度愈高，最大輻射的波長愈小。太陽的表面溫度約為 5,700℃，最大的輻射能量的波長約為 0.5 微米，屬於可見光的範圍。

圖11.17　可見光包含一系列顏色，也就是所謂的「彩虹顏色」。彩虹是很常見的光學現象，是光被水滴折射和反射之後形成的。（Photo by Michael Giannechini/Photo Researchers, Inc./Thinkstock）

地球的最大輻射發生在波長 10 微米左右，屬於紅外線的範圍。由於地球最大輻射波長約為太陽最大輻射波長的二十倍，一般常把地球輻射稱為長波輻射，太陽輻射稱為短波輻射。

4. 易於吸收輻射的物體，同樣也易於放出輻射。地球表面和太陽都很接近理想輻射體，因為以個別溫度來說，其吸收和輻射效率幾乎都是百分之百。另一方面，氣體是選擇性吸收體和輻射體。因此，大氣對某些輻射波長幾乎是透明的（不吸收），對於某些輻射波長卻是不透明的（易於吸收）。經驗告訴我們，大氣對可見光是透明的，所以可見光能輕易到達地表，而大氣對於地球放射出的長波輻射而言，卻不是透明的。

圖 11.15 可概括說明熱傳遞的不同機制。營火產生的部分輻射能量由鍋子吸收，經由金屬容器的傳導作用來傳遞能量。傳導作用也讓鍋底的水溫升高，這層水變熱後就會往上升，空缺的位置由上方的冷水往下補充，因而形成對流循環，剛由鍋子獲得的能量重新分配到整鍋水。同時，火和鍋子發出的輻射也讓露營者覺得溫暖。此外，因為金屬是良好的熱導體，如果露營者沒有使用防燙套墊的話，很可能會遭鍋子燙傷。同理，地球大氣的加熱包含了傳導、對流和輻射，三種過程同時發生。

 # 入日射的結果

當輻射碰到物體時，可能會發生三種不同的結果。第一、部分能量會由物體吸收。別忘了當輻射能被吸收時，會轉換成熱，導致物體的溫度上

升。第二、有些物質如水和大氣，對某些輻射波長是透明的，這類物質只會傳遞能量，輻射能量對物體本身並無貢獻。第三、物體會將某些輻射「反彈」回去，不吸收也不傳遞。例如反射和散射就會改變太陽輻射的方向。結論是：輻射會被吸收、傳遞或改變方向（反射或散射）。

　　圖 11.18 顯示全球平均入日射（incoming solar radiation）的結果。注意大氣對入日射是相當透明的。平均來說，到達大氣層頂的輻射約有 50％由地表吸收，其餘 30％被大氣、雲和一些反射面反射回外太空，剩下的 20％由雲和大氣中的氣體吸收。到底是什麼因素決定太陽輻射會傳遞至地表、散

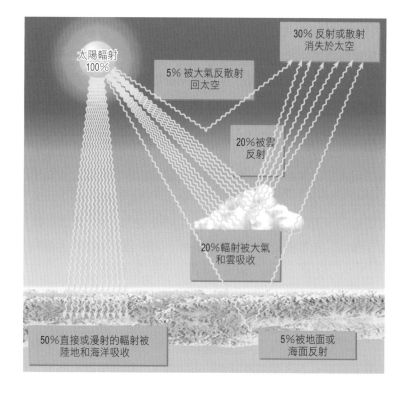

太陽輻射
100％

5％ 被大氣反散射
回太空

30％ 反射或散射
消失於太空

20％被雲
反射

20％輻射被大氣
和雲吸收

50％直接或漫射的輻射被
陸地和海洋吸收

5％被地面或
海面反射

圖11.18　入日射的平均分布情形（百分比）。地表吸收太陽輻射比大氣多，因此大氣並非由太陽直接加熱，而是由地表間接加熱。

圖11.19 反射與散射。
A. 反射光以同樣的對稱角度和強度從物體表面反彈回去。
B. 一束光散射時，會產生大量較弱的光朝四面八方散播，通常往前散播的能量會比往後多。

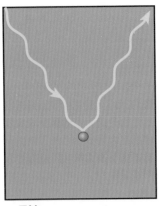

A. 反射

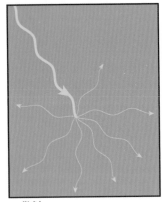

B. 散射

射、反射回去、或由大氣吸收？我們將會學到，這和傳遞能量的波長以及介質的特性有極大的關係。

反射與散射

反射是指光接觸到物體表面時，以同樣的對稱角度和強度從物體反彈回去（圖 11.19A）。反之，**散射**則會產生大量較弱的光朝四面八方散播。雖然散射會把光往前或往後（反散射）散播，但較多的能量會往前方散播（圖 11.19B）。

反射與地球的反照率

能量從地球返回太空有兩種方式：一是反射，二是放射出輻射能。反射回太空和入射地球的太陽能，一樣都是短波輻射。到達大氣層外的太陽能約有 30% 會反射回太空，這裡也包含了向上反散射的部分。這些能量從地球散失，並未扮演加熱大氣的角色。

「物體表面反射」相對於「入射的總輻射量」的比例稱為**反照率**。地球整體的反照率（行星反照率）為 30%。然而每個地方和同一地點不同時間的反照率都不盡相同，取決於雲量、空氣中的微粒物質、陽光的角度和地表的性質而定。太陽角度較低，輻射會穿透較多的大氣，使得「障礙超越訓練場」變長，因而損失較多的太陽輻射（見圖 11.11）。圖 11.20 列出不同表面的反照率。注意，陽光入射水面的角度對反照率的影響相當大。

散射

雖然入日射是以直線行進，但空氣中的微小塵粒和氣體分子會把一些能量散射至四面八方，稱為**漫射光**，這解釋了光如何到達樹蔭底下，以及

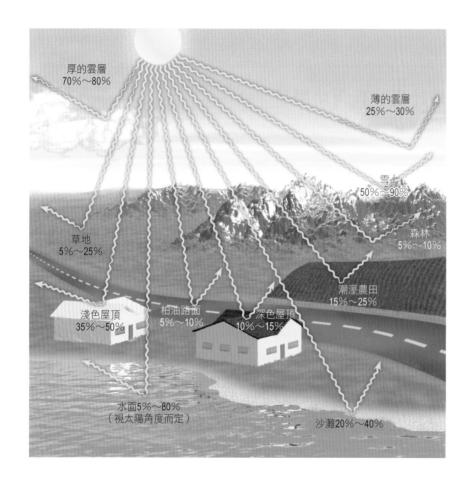

////////////////////////////////////
圖11.20 不同表面的反照率
（反射率）。一般來說，淺色
表面比深色表面的反射能力更
強，所以反照率較高。

厚的雲層
70%～80%

薄的雲層
25%～30%

雪
50%～90%

草地
5%～25%

森林
5%～10%

潮溼農田
15%～25%

淺色屋頂
35%～50%

柏油路面
5%～10%

深色屋頂
10%～15%

水面5%～80%
（視太陽角度而定）

沙灘20%～40%

無陽光直射的房間為何會明亮等現象。再者，散射也是天空白天明亮、看
起來是藍色的主要原因。反之，月球和水星這類沒有大氣的星體，即使在
白天，天空也是一片漆黑。整體來說，地表吸收的太陽輻射約有一半是來
自漫射（散射）光。

電離層是什麼？有何功用？

　　在地球大約80公里高空的大氣層，已經非常稀薄，此時的氣體分子被陽光中的紫外線或能量更高的波段照射時，外層電子很容易因為獲得足夠的能量而脫離原本的氣體分子，形成帶負電的自由電子與帶正電的離子，因而產生電漿，構成電離層（ionosphere）。在空氣密度較大的環境，上述的逆向反應很容易發生——也就是帶正電的離子又有機會遇到自由電子而成為一般分子。但距地表愈高，氣體密度會愈稀薄，此時氣體游離後再遇到另一個自由電子的機率降低，因此游離的程度會隨著高度增加而提升。

　　一般空氣不會導電，但電漿是良導體，所以地面的無線電波沒辦法穿透電離層，而會反射回地表。在衛星通訊及海底電纜技術尚未發展成熟前，人類就是利用電離層與地表這兩部分對電磁波的反射，來進行越洋通訊。

　　電離層氣體游離的主要能量來源是太陽，因此電離層會隨日夜而有變化，一般而言，白天的電離層高度較低、濃度較大，晚上的高度較高、濃度比較稀薄。目前臺灣的福爾摩沙衛星三號觀察到，海洋似乎也是電離層能量來源之一，但是詳細的理論還在持續發展。此外，福衛三號還觀察到在大地震發生前，震央上空的電離層濃度也會有劇烈變化，是否可以此現象來精確預測地震呢？目前也在持續的研究中。

　　電離層可以保護地表生物免於高能波段（紫外線、X射線、甚至 γ 射線）的傷害，此外也有助於人類無線通訊的發展，目前科學家也對電離層與地震的關係詳加研究，希望能以此預知大地震，有助於事先防範。（范賢娟　撰）

極光出現在高緯度地區夜空的電離層上。
（Photo by iStockphoto / Thinkstock）

▶ 吸收

　　前面曾說過，氣體是選擇性輻射吸收體，也就是說，氣體對於某些波長的吸收很強，對另一些波長會適度吸收，但對其餘的波長只吸收一點點。氣體分子吸收輻射時，能量會轉換成分子內運動，可察覺到溫度升高。

　　氮是大氣中含量最多的氣體，對於所有形態的入日射而言，都是不良吸收體。氧和臭氧可以有效吸收紫外輻射，在大氣高層的氧可以去除大部分波長較短的紫外輻射，平流層的臭氧則可吸收大部分剩餘的紫外線。平流層的紫外輻射吸收，是該層溫度很高的主要原因。其他重要的入日射吸收體只有水氣，從大氣直接吸收的太陽能大部分都由水氣、氧及臭氧包辦。

　　整體來看，大氣中沒有一種氣體能有效吸收可見光，這可以解釋為何大多數可見光都可以到達地表，以及為何我們說大氣對入日射來說是透明的。因此，大氣並非直接從太陽獲得大量能量，主要是由地表吸收能量後輻射回天空，進而加熱大氣。

 # 加熱大氣：溫室效應

　　照射到大氣層頂的太陽能，約有 50% 會到達地表而由地表吸收，這些能量大部分又會輻射回天空。因為地表溫度遠低於太陽，所以地球發出的輻射波長，比太陽輻射的波長更長。

　　整體來看，大氣可有效吸收波長較長的地球輻射，水氣和二氧化碳是最主要的吸收氣體。水氣吸收的地球輻射，約為其他所有氣體總合的五倍，低層大氣若溫度較高，通常都是因為那裡有大量集中的水氣。因為大

氣對太陽短波輻射相當透明，卻可輕易吸收地球的長波輻射，所以大氣是從地面由下往上加熱的，而不是從太陽由上往下加熱。這可以解釋對流層溫度一般會隨高度而遞減的現象，因為離輻射源愈遠，溫度就愈低。

大氣中的氣體，吸收地球輻射後會變暖，但最終仍會把這些能量輻射出去。有些能量往天空散播，可能又會被其他氣體分子吸收，但機率隨高度而變小，因為水氣濃度會隨高度變小。有些能量則往地面散播而由地表吸收，因此地表從大氣和太陽獲得源源不絕的熱。如果大氣中沒有這些吸收氣體，地球將不適合人類和萬物生存。

這個非常重要的現象稱為**溫室效應**，因為過去認為這與溫室的加熱原理很類似（圖 11.21）。大氣中的氣體（特別是水氣和二氧化碳）就像是溫室的玻璃，它們讓太陽的短波輻射進入，由溫室中的其他物體吸收，這些物體反過來發出能量，而玻璃對長波輻射而言幾乎是不透明的，於是熱就這樣「困」在溫室裡。然而，其實溫室能保溫有一個更重要的因素：溫室本身可以防止裡面的空氣和外面的冷空氣混合。雖說如此，大家還是繼續引用溫室效應這個名詞。

 # 人類對全球氣候的影響

氣候不只因地而異，也會因時而異。在地球悠久的歷史裡，遠在人類統治地球之前，氣候就曾有過許多次的變遷：從暖到冷、從溼到乾，一再反覆循環。如今科學家都明白，除了自然因素會造成氣候的變化，人類也扮演了舉足輕重的角色。其中一個重要的例子，就是人類排放到大氣中的二氧化碳和其他微量氣體。

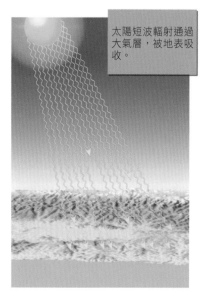
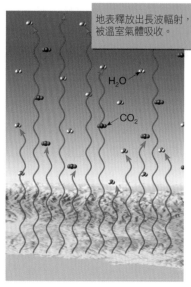

圖11.21 大氣的加熱。來自太陽的短波輻射大部分會通過大氣，被地球的海陸表面吸收。這些能量又被地表以長波輻射釋放出來，多數會被大氣中的某些氣體吸收，有些被大氣吸收的能量會向地面輻射，這個過程稱為溫室效應，乃是保持地表溫暖的大功臣。

　　在前面的章節裡，你已學到了二氧化碳（CO_2）會吸收某些地球輻射，對溫室效應有所貢獻。因為 CO_2 是重要的熱吸收體，只要大氣中的 CO_2 含量改變，就會影響氣溫。

假如地球大氣裡沒有溫室氣體的話，
地球平均表面溫度會變成酷寒的 −18℃，
而不是如今相當舒適的 14.5℃。

你知道嗎？

二氧化碳含量持續上升

　　過去兩個世紀以來，地球大規模的工業化，大量燃燒化石燃料如煤、天然氣及石油等（圖 11.22）。這些燃料的燃燒過程把大量的二氧化碳排放到大氣中。

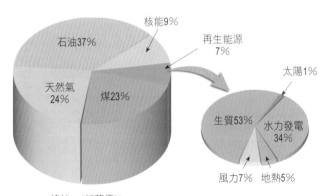

圖11.22　十九世紀開始，與工業革命並行快速增長的，就是燃燒化石燃料，結果增加大量的二氧化碳到大氣中。本圖顯示美國2008年的能源消耗量，總共約為107萬億 btu。（btu是British thermal unit的縮寫，即「英制熱單位」。1萬億是10的十二次方，「萬億btu」乃提及美國整體能源時，使用的常用單位。）

你知道嗎？

二氧化碳不是影響全球暖化的唯一氣體。科學家已經瞭解，工業及農業活動會導致幾種微量氣體的增加，包括甲烷（CH_4）和氧化亞氮（N_2O）也都扮演了重要角色。這些氣體會吸收原本逃逸至太空的地球輻射，若加總來看，這些氣體對地球加熱作用的重要性並不亞於二氧化碳。

　　燃燒煤和其他燃料是人類排放 CO_2 至大氣中最主要的途徑，但卻不是唯一的管道。砍伐森林、開墾林地同樣難辭其咎，因為植物燃燒或腐壞時也會釋放 CO_2。砍伐森林在熱帶特別盛行，當地為了經營牧場和農場，或是業者為了木材生意，不惜將大片森林夷為平地（圖 11.23）。

圖11.23 熱帶雨林的開墾是嚴重的環境議題。除了生物多樣性的損失之外，熱帶森林砍伐也是二氧化碳的重要來源。根據聯合國估計，1990年代十年間，每年大約有二千五百一十萬英畝的熱帶森林遭到永久破壞。2000年至2005年間，每年增加到二千五百七十萬英畝。這張2007年8月衛星影像顯示巴西西部亞馬遜雨林的森林砍伐情形。未遭破壞的森林為深綠色，開墾後的區域是黃土色（裸地）或淺綠色（農地和草地）。（Photo by NASA）

　　過量的 CO_2 有些會由植物吸收，或溶解在海洋中。據估計，約有 45～50％的 CO_2 會留在大氣中。圖 11.24 顯示，過去四十萬年來大氣中 CO_2 的變化紀錄。長久以來，自然的變動幅度約為從 180 到 300ppm。由於人類活動，目前 CO_2 含量約比過去至少六十五萬年來的最高值多出 30％。CO_2 濃度自從工業革命以來迅速增加，這是不爭的事實。過去幾十年來，CO_2 濃度的年增長率也一年比一年高。

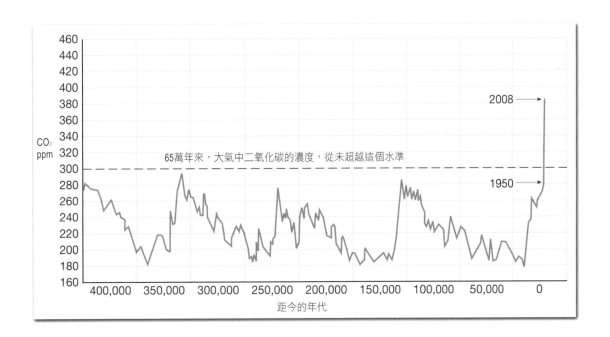

圖11.24　過去四十萬年來的二氧化碳濃度。大部分的資料來自冰芯中的氣泡分析。1958年之後的資料是美國夏威夷茂納羅亞（Mauna Loa）觀測站直接測量大氣二氧化碳的紀錄。工業革命之後，二氧化碳濃度急速升高的情形相當顯著。

◗ 大氣的回應

　　既然大氣中的二氧化碳增加了，全球的溫度是否真的升高？答案是肯定的。根據 2007 年政府間氣候變遷委員會（Intergovernmental Panel on Climate Change, IPCC）的報告，「氣候系統的暖化已經很明確，透過觀測資料，全球平均氣溫及海溫升高、雪冰普遍熔化和全球平均海平面上升，都已經非常明顯。」*自二十世紀中期之後，大多數觀測到的全球平均溫度升高，非常可能是由於人類製造的溫室氣體濃度升高所致。（IPCC 所謂的非常可能是指機率達 90 ～ 99%。）自 1970 年代中期以來，全球變暖約 0.6℃，過去一個世紀以來則是變暖約 0.8℃。地面溫度的上升趨勢如圖 11.25A 所示，圖 11.25B 的世界地圖則是把 2008 年的地面溫度和基準期（1951 至 1980 年）做比較。可看出變暖最多的地方是在北極和鄰近的高緯度地區。以下是幾個相關的事實：

● 考慮有儀器觀測紀錄的期間（1850 年以來），過去十四年中（1995 到 2008 年）有十三年名列最暖的前十四名（圖 11.26）。
● 目前全球平均溫度至少比過去五百年到一千年間的任何時候都高。
● 全球平均海溫升高，直到海洋深度至少 3,000 公尺都有增溫。

　　這些溫度的升高趨勢都是由人類活動造成的嗎？還是本來就會如此？IPCC 科學界普遍認為，對於 1950 年以來溫度升高的現象，人類活動非常可能需為此負大部分責任。

★ 摘自 IPCC《氣候變遷 2007 年決策者摘要：物理學基礎》，第 4 頁，劍橋大學出版社。

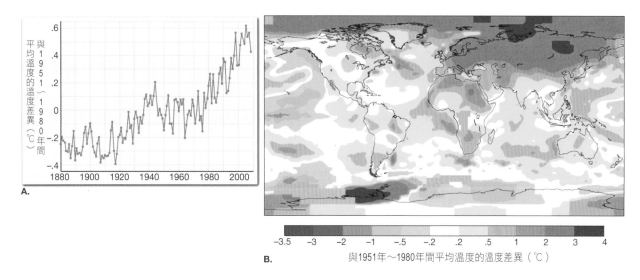

圖11.25 A. 1880年以來全球溫度變化（攝氏溫度）。

B. 這幅世界地圖顯示2008年的溫度與1951年到1980年間平均溫度的差異，北半球高緯度地區特別顯著。

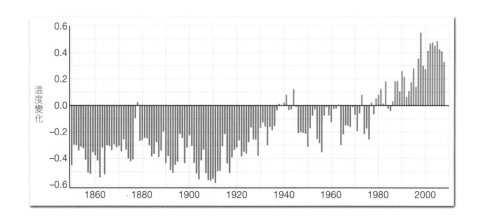

圖11.26 1850至2008年全球年平均溫度變化。以1961至1990年間平均溫為比較基準值（圖中的零值線），圖中每條直線代表每年全球平均溫度與1961至1990年間平均溫的差距。例如：1862年的全球平均溫度比1961年至1990年間平均溫低了0.5℃，至於1998年則高出了0.5℃。

　　未來呢？地球幾年之後的命運，部分將視溫室氣體的排放量而定，圖
11.27 顯示全球暖化最佳預估的幾種可能。IPCC 2007 年報告也指出，如果二
氧化碳濃度變成工業革命前數值的二倍（從 280ppm 變成 560ppm），溫度增
加的幅度可能達到 2℃ ～ 4.5℃，增加的幅度非常不可能（機率只有 1 ～
10%）小於 1.5℃，也不能排除增加的幅度高於 4.5℃的可能性。

幾種可能的結果

　　如果大氣的二氧化碳濃度達到二十世紀初期的兩倍，將會發生什麼狀
況？由於氣候系統相當複雜，要預測特定地區的變化情形是不切實際的，

圖11.27　圖的左半邊（黑線）
顯示二十世紀的全球溫度變
化，右半邊顯示推估未來在不
同排放情境下的全球暖化趨
勢。每條色線附近的陰影區，
代表每種情境的不確定範圍，
比較基準值（縱軸零值線）為
1980至1990年間的全球平均溫
度，橙色線代表二氧化碳濃度
維持與2000年相同數值的情
境。（IPCC 2007年報告）

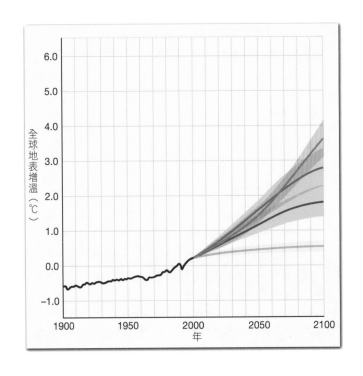

討論全球暖化常提到的 IPCC，是由聯合國和世界氣象組織於 1988 年成立的，主要提供有關人為因素造成氣候變遷之科學、技術和社會經濟資訊。IPCC 是官方組織，它蒐集有關氣候變遷成因與影響的最新研究，定期發表報告。在 IPCC 最新的《氣候變遷，2007 年第四次評估報告》中，有分別來自一百三十個國家，超過一千二百五十位作者和二千五百位科學審查專家共同參與。

你知道嗎？

目前還無法精準確實預測出，例如哪裡或何時會變乾燥或潮溼。然而倒是可以對大範圍的地區和時間推測出幾種大致的情境。

人類造成的全球暖化還有一個重要的影響，那就是海平面上升（圖 11.28）。潛在的天氣變化，包括大尺度風暴的路徑改變，會影響降水的分布和劇烈天氣的發生機率。其他還可能造成熱帶風暴變強、熱浪與乾旱的頻率及強度增加等（表 11.2）。

這些變化可能年復一年逐漸改造我們的環境，而大多數人還毫無知覺。即使改變過程緩慢，卻對經濟、社會、政治造成極大的衝擊。

氣溫資料：為地球做紀錄

相較於其他的天氣要素，氣溫變化可能是人們最容易察覺的。氣象測站百葉箱中的儀器可以定期監測溫度，百葉箱是用來保護儀器，避免受到陽光直接曝曬，並保持空氣流通。

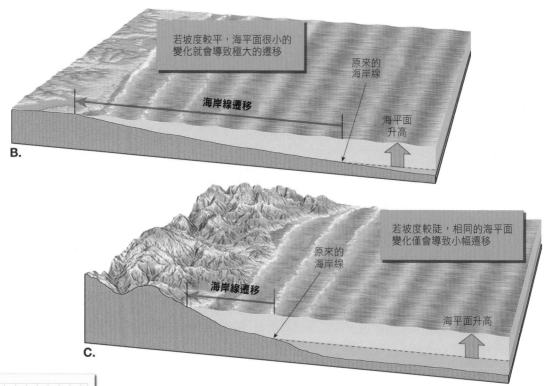

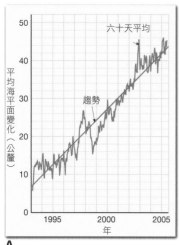

圖11.28 研究顯示過去一世紀以來,海平面已上升10～23公分,而且上升趨勢有增無減。

A. 根據衛星和浮標的資料,可確定1993年到2005年間,海平面每年平均上升3公釐。研究人員把一半的原因歸咎於冰川熔化,另一半則歸因於熱膨脹。海平面升高對於全球大部分人口稠密的地區都有不利的影響。

B. 海岸線坡度攸關海平面變化的影響程度,若坡度較平,海平面很小的變化就會導致極大的遷移。

C. 若海岸線坡度較陡,相同的海平面變化僅會導致海岸線小幅遷移。

表11.2　推估二十一世紀因全球暖化所造成的改變和影響。

推估的改變與可能性*	推估的衝擊事例
最高溫度值會變高；幾乎所有陸地地區的熱日和熱浪都會變多（幾乎確定）	老人、窮人的死亡及嚴重疾病發生率升高。 家畜和野生動物的熱緊迫升高。 旅遊地點改變。 某些農作物受損風險升高。 降溫需求電力升高，使能源供應的可靠性降低。
最低溫度值會變高；幾乎所有陸地地區的寒日、霜日和寒潮都會變少（幾乎確定）	人類與寒冷相關的發病及死亡率降低。 某些農作物受損風險降低，某些則升高。 某些害蟲與病媒的活動及影響擴大。 暖氣能量需求降低。
大部分地區的豪大降水事件頻率增加（非常可能）	洪水、山崩、雪崩及土石流損害增加。 土壤侵蝕增加。 洪水逕流增加可能使某些氾濫平原的含水層補注增加。 政府與私人洪水保險及救災體系的壓力增加。
受乾旱影響的地區增加（可能）	農作物產量減少。 土地收縮造成建築物地基受損增加。 水源量和品質降低。 森林大火的風險增加。
強烈熱帶氣旋活動增加（可能）	人類死亡、流行性疾病感染及其他風險增加。 沿岸侵蝕及岸邊建築物或公共設施受損增加。 海岸生態系統受損增加，如珊瑚礁及紅樹林。

★「幾乎確定」是指機率大於 99％，「非常可能」指機率為 90～99％，「可能」指機率為 63～90％。
（洋流對溫度影響的討論，請參考第 10 章）

在氣象學家蒐集的許多基本溫度資料中，是以每天的最高溫和最低溫
為基礎的：

1. 把每天的最高溫和最低溫相加，然後除以二，可算出日平均溫。
2. 把每天的最高溫和最低溫相減，可算出溫度日較差（日溫度範圍）。
3. 把整個月每天的日平均溫相加，然後除以每月天數，可算出月平均溫。
4. 十二個月平均溫的平均即為年平均溫。
5. 把每年的「最高月平均溫」和「最低月平均溫」相減，可計算出溫度年較差（年溫度範圍）。

　　一般最常用平均溫度來做比較，無論是以日、月或年為基準都有。我們常聽氣象主播說：「上個月是有紀錄以來最熱的 7 月。」或「今天芝加哥比邁阿密暖了 10 度。」溫度較差（溫度範圍）可以得知溫度的極端情形，所以也是很有用的統計資料。

　　要研究大範圍地區的氣溫分布，常用到等溫線。**等溫線**是指把地圖上溫度相同的點連成一線，代表某個時間，等溫線通過的所有點，溫度都相等。通常等溫線代表的溫度間隔以 5 度或 10 度為主，但也可以用其他數值當間隔。圖 11.29 顯示如何畫出地圖上的等溫線。（注意，大多數的等溫線並沒有直接通過觀測站，因為測站數據不一定和等溫線的數值一致。測站溫度偶爾才會和等溫線數值一樣，所以畫等溫線時，通常需要估計測站間的適當位置。）

　　等溫線圖是很有用的工具，因為可一眼就看出溫度的分布情形，很容易找出低溫和高溫的地區。另外，單位距離的溫度變化（溫度梯度）也很

容易可以看出。等溫線密集，代表溫度變化程度較大，等溫線稀疏則代表
溫度變化較平緩。圖 11.29 中，科羅拉多州和猶他州的等溫線較密集（溫度
梯度較大），德州的等溫線間隔較遠（溫度梯度較小）。如果不用等溫線，
地圖上布滿幾百個密密麻麻的溫度數據，根本無法看出任何天氣型態。

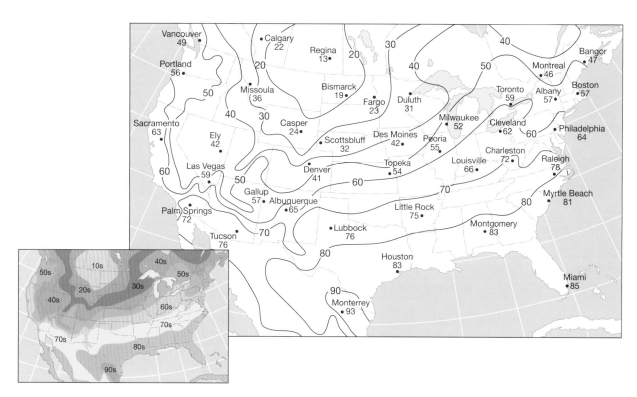

圖11.29 利用等溫線來看溫度分布。等溫線是溫度相同的點所連成的線，本圖採用華氏溫度。以這種方式來顯示溫度分布，可以很容易看出天氣型態。電視和報紙上的溫度圖都是彩色的，所標示的是等溫線之間的區域，例如60度和70度等溫線之間標示為「60s」。

美國和整個西半球的公認最高溫紀錄是 57℃。這個保持已久的紀錄是 1913 年 7 月 10 日在美國加州死谷所測得。北美洲的最低溫紀錄，則是在加拿大育空地區的斯納格（Snag）測得，這個偏遠的邊陲地區於 1947 年 2 月 3 日達到－63℃的低溫。

 # 溫度為什麼會變化：溫度的控制

　　溫度控制是指造成各地每時、每刻溫度變化的任何因素。本章前面探討過，溫度變動的最重要因素，就是接收太陽輻射的差異。由於太陽角度和白天長度的變化是緯度的函數，所以熱帶地區的溫度較高、極區附近的溫度較低。當然一年之中，由於太陽直射光會接近並遠離某地，因此任何緯度的溫度都會有季節變化。

　　但緯度並不是唯一的溫度控制，如果是的話，則沿同一緯度的所有地方，溫度都會一樣。但事實並非如此，例如加州的尤里卡（Eureka）和紐約市都是海岸城市，緯度差不多，平均溫度皆為 11℃。然而紐約市 7 月的溫度比尤里卡高 9℃，1 月則低 10℃。另一個例子，厄瓜多爾的兩座城市：基多（Quito）和瓜亞基爾（Quayaquil），相隔不遠，但是年平均溫卻相差 12℃。要解釋這種情形和其他不勝枚舉的例子，就要明白除了緯度之外，還有其他因素會對溫度造成很大的影響。其中最重要的如水、陸加熱的差異、高度、地理位置以及洋流等（關於洋流對溫度影響的探討，請見第 10 章）。

陸地與水

　　地表的加熱直接影響其上方空氣的加熱。因此，要瞭解氣溫的變化，必須瞭解不同地表，對太陽表現出的加熱性質差異，例如土壤、水、樹木、冰等。不同地表吸收的入日射量不同，進而造成上方空氣的溫度差異。然而，最大的差別並非在於不同的陸面，而是在於陸面和水面之間。陸地加熱得比水快、冷卻得也比水快。因此陸地上的溫度變化，大於水上的溫度變化。

　　為何水、陸的加熱和冷卻會不一樣？有幾種因素：

1. 水的比熱（1 公克物質升高 1℃所需的能量）遠比陸地大，因此若等量的水和陸地要升高同樣的溫度，則水需要的熱比陸地多很多。
2. 陸地表面是不透光的，所以只有表面會吸熱。水比較透明，熱可以穿透達到幾公尺的深度。
3. 水加熱後會和底下的水混合，把熱分布給更多的質量。
4. 水體的蒸發（一種冷卻過程）多於陸地表面的蒸發。

　　這些因素加起來，造成水的升溫比陸地慢、儲存較多熱量、也冷卻得較慢。

　　拿兩座城市的每月溫度資料來比較，可以看出巨大水體對溫度的影響較溫和，陸地的氣溫則較為極端（圖 11.30）。加拿大卑詩省的溫哥華位於迎風岸，而曼尼托巴省的溫尼伯則位於內陸地區，遠離水的影響。兩座城市所在的緯度差不多，所以太陽角度和白天長度相似。然而溫尼伯 1 月的平均溫度比溫哥華低 20℃，7 月平均溫度則比溫哥華高 2℃。雖然兩地緯度差不多，溫尼伯因為沒有水的調節，溫度變化比有水調節的溫哥華要極端得

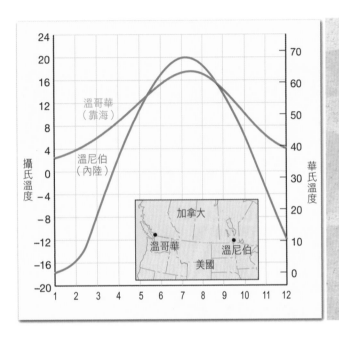

表11.3 平均溫度年較差（年溫度範圍）隨緯度的變化

緯度	北半球	南半球
0	0	0
15	3	4
30	13	7
45	23	6
60	30	11
75	32	26
90	40	31

（攝氏溫度）

圖11.30 加拿大卑詩省的溫哥華及曼尼托巴省的溫尼伯的月平均溫度。
溫哥華因為有太平洋強烈的海洋調節，年溫差較小。溫尼伯因為是內陸城市的關係，年溫差較大。

多。溫哥華終年氣候溫和的關鍵就是太平洋。

以另一個不同的尺度來看，比較南、北半球的溫度變化，也可看出水的調節作用。北半球有 61％ 受水覆蓋，其餘 39％ 是陸地，而南半球有 81％ 受水覆蓋，陸地只占 19％。南半球可稱為水半球（見圖 9.1）。表 11.3 顯示，水主宰的南半球，年溫度變化比北半球來得小。

高度

前面提過厄瓜多爾的兩座城市：基多和瓜亞基爾，說明了高度對平均溫度的影響（圖 11.31）。雖然這兩座城市都離赤道很近且相隔不遠，瓜亞基

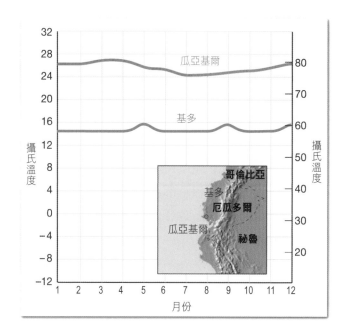

/////////////////////////////////////

圖11.31　基多位在安地斯山脈，溫度比位於海平面的瓜亞基爾低得多。由於兩座城市都很接近赤道，所以幾乎沒有溫度年較差。

爾的年平均溫是 25℃，基多的年平均溫卻只有 13℃。差別這麼大，主要是因為兩地的高度不同：瓜亞基爾離海平面只有 12 公尺，而基多則位於高達 2 千 8 百公尺的安地斯山脈。

　　還記得在對流層，每升高 1 公里，溫度平均下降 6.5℃；因此高度愈高的地方，溫度愈低（見圖 11.7）。然而，溫度差異的幅度並非完全取決於正常溫度直減率，如果是的話，基多的溫度應該要比瓜亞基爾低 18℃，然而實際上只低 12℃。由於地表吸收太陽輻射然後又發出輻射，因此位置較高的地方（如基多），溫度會比用正常溫度直減率算出的溫度值來得高。

地理位置

地理位置也會對溫度造成影響。盛行風從海洋吹向沿岸（迎風岸）地區，與盛行風從陸地吹向海洋的沿岸（背風岸）地區，兩者的溫度會不一樣。和相同緯度的內陸地區相比，迎風岸會受到海洋的充分調節：夏天涼爽、冬天溫和。

然而，背風岸的溫度會比較類似大陸性氣候，因為風並未帶來海洋的影響。前面提過加州的尤里卡和紐約市兩座城市，可以解釋這個地理位置觀點。紐約市的年溫度範圍比尤里卡高出 19℃（圖 11.32）。

都在華盛頓州的西雅圖和斯波坎（Spokane），可解釋地理位置的另一個觀點：有山脈為屏障。雖然斯波坎在西雅圖東邊距離僅約 360 公里，但由於喀斯開山脈聳立在兩座城市間，結果西雅圖的溫度顯然受到海洋的影響，而斯波坎則像是典型的大陸性氣候（圖 11.33）。斯波坎 1 月溫度比西雅圖低 7℃，7 月比西雅圖高 4℃，年溫度範圍則比西雅圖高出 11℃。喀斯開山脈顯然阻斷了太平洋對斯波坎的溫度調節影響。

雲量與反照率

你或許曾注意到，晴朗的白天通常比有雲的白天暖和，而晴朗的夜晚卻通常比有雲的夜晚涼爽。這說明雲量是低層大氣中另一個影響溫度的因素。從衛星雲圖的研究顯示，地球在任何時間都約有一半被雲覆蓋。雲量很重要，因為許多雲的反照率都很高，可把照射在雲上的一大部分陽光反射回太空（見圖 11.20）。白天如果天空有雲，由於入日射量減少，溫度會比晴朗無雲的白天來得低。

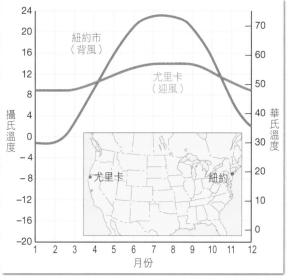

//////////////////////////////////

圖11.32 美國加州尤里卡和紐約市的月平均溫度圖。這兩座城市都在海岸邊，而且緯度相同。尤里卡受到海洋盛行風的顯著影響，而紐約市則不然，尤里卡的年溫度範圍顯然小得多。

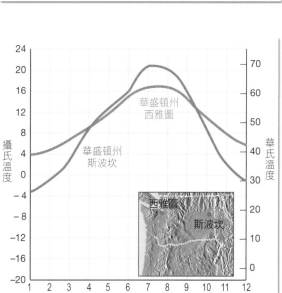

//////////////////////////////////

圖11.33 美國華盛頓州西雅圖和斯波坎的月平均溫度圖。由於喀斯開山脈阻斷了太平洋對斯波坎的溫度調節，其年溫度範圍比西雅圖來得大。

到了晚上，雲的作用和白天正好相反。雲會像毯子一樣吸收地表放射出的輻射，然後再輻射一部分回地表。結果有些本來會散失的熱仍留在近地面，因此夜晚的氣溫不像晴朗夜晚的溫度降低那麼多。雲量的作用在於降低白天的最高溫、升高夜晚的最低溫，因而使每天的溫度範圍變小（圖11.34）。

雲並不是增加反照率，從而降低氣溫的唯一現象，我們知道冰、雪覆蓋的表面反照率也很高，這是高山冰河夏天不會融化、以及溫暖的春天仍有雪的原因之一。另外，冬天地上有雪時，晴朗白天的最高溫會變得比較低，因為地表原本會吸收並用來加熱空氣的能量，因被雪反射而散失了。

圖11.34　美國伊利諾州皮歐立亞（Peoria）7月某兩天的日溫度變化圖。雲使溫度日較差（日溫度範圍）變小，白天雲將太陽輻射反射回太空，因此最高溫比天空晴朗時要低，夜晚由於雲會減少熱的散失，最低溫不會像晴朗夜晚降低那麼多。

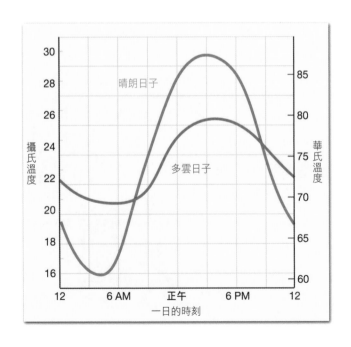

世界最高溫紀錄將近 59℃，於 1922 年 9 月 13 日在北非撒哈拉沙漠國度，利比亞的阿季札（Azizia）測得。地球上的最低溫紀錄則是 − 89℃，可想而知，如此酷寒的溫度一定是在南極洲，於 1960 年 8 月 24 日在俄羅斯莫斯托克（Vostok）觀測站測得。

世界溫度分布

　　仔細研究這兩幅世界地圖（圖 11.35 和圖 11.36）。從近赤道的暖色系到極區附近的冷色系，這兩幅地圖分別顯示代表不同季節的 1 月和 7 月的海平面溫度。等溫線顯示了溫度分布，從圖上便可看出全球的溫度型態，以及溫度控制因素的作用，特別是緯度、水陸分布、洋流等。和多數的大範圍等溫圖一樣，為了避免不同高度造成的複雜性，這些世界地圖上的各地溫度都已換算成海平面溫度。

　　兩幅圖上的等溫線大致都呈東西走向，而且溫度都由熱帶地區往極區遞減。圖中說明了有關世界溫度分布最重要的基本觀念：入日射加熱地表和大氣的效力，主要與緯度有關。

　　不僅如此，溫度的緯度變化是由太陽直射的季節性移動造成的。比較兩圖的溫度顏色區就可以看出，1 月的 30℃「熱區」在赤道以南，7 月則移到赤道以北。

　　如果緯度是溫度分布唯一的控制因素，我們的研究到此便可告一段落，但是事實並非如此。從 1 月和 7 月的溫度圖中，也反映出水、陸加熱的差異對溫度的影響。最熱和最冷的溫度都發生在陸地上，因為水面上的

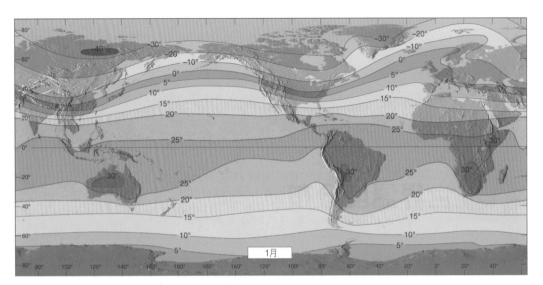

〃 圖11.35 全球1月份平均海平面溫度（攝氏溫度）

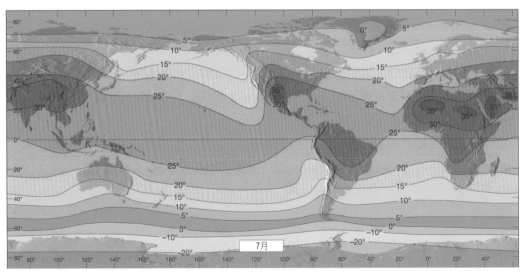

〃 圖11.36 全球7月份平均海平面溫度（攝氏溫度）。

溫度，變動得不如陸面上的溫度劇烈，陸地上等溫線的季節性南北移動現象，也比海洋上明顯。

另外，南半球的等溫線顯然比北半球平直且穩定，因為南半球大部分是海洋，陸地很少；而北半球大陸地區等溫線在 7 月明顯向北彎曲，1 月則向南彎曲。

等溫線也顯示出有洋流的地方。暖洋流會讓等溫線偏向極區，冷洋流則會使等溫線偏向赤道。水流向極區的水平傳送會使上方的空氣變暖，造成氣溫比該緯度預期的溫度來得暖。相反的，洋流向赤道移動則會使氣溫比預期的要冷。

由於圖 11.35 和圖 11.36 顯示的是季節性溫度的最大、最小值，所以也可用來評估各地的年溫度範圍。比較兩圖可以看出，近赤道的測站所記錄到的年溫度範圍比較小，因為近赤道測站整年白天長度的變化小，且太陽角度也一直都相當高。相形之下，位於中緯度的測站由於太陽角度和白天長度變化較大，所以溫度變化也大。因此我們可以說「年溫度範圍隨緯度增加而增加」。

水陸分布也會影響季節性溫度變化，特別是在熱帶地區以外。內陸地區應該都是夏天比沿岸地區熱、冬天比沿岸地區冷，因此愈往內陸，溫度範圍愈大。

高緯度和內陸影響年溫度範圍的典型例子，
就是西伯利亞的雅庫次克（Yakutsk），
這座城市位於北緯約 60 度，且遠離水的影響。
結果雅庫次克的平均年溫度範圍為 62.2℃，在世界上名列前茅。

你知道嗎？

■ 天氣是某地短時間內的大氣狀態，而氣候則是某地長時間的綜合天氣狀況。

■ 最重要的天氣和氣候要素（定期測量的氣象數值或特性）有（1）氣溫、（2）溼度、（3）雲狀和雲量、（4）降水型態和降水量、（5）氣壓、（6）風向和風速。

■ 如果移除大氣中的水氣、灰塵和其他成分，潔淨的乾空氣幾乎全是由 78％的氮和 21％的氧所組成（以體積而言）。二氧化碳雖然只占了極微少的量（0.038％），卻非常重要，因為二氧化碳能吸收地球輻射出的熱量，進而保持大氣溫暖。水氣是空氣中另一個重要成分，因為水氣是所有雲和降水的來源，而且水氣也和二氧化碳同樣易於吸收熱。

■ 臭氧（O_3）由三個氧原子構成，集中在大氣層 10 到 50 公里的高度範圍，對於生物非常重要，因為臭氧會吸收有害的太陽紫外輻射。

■ 大氣隨高度愈高逐漸變稀薄，並沒有明確的上邊界，而是逐漸融入外太空。大氣垂直方向可依溫度劃分為四層；最底層是對流層，溫度通常隨高度上升而下降，此環境直減率是變數，平均值約為每公里下降 6.5℃。事實上，所有重要的天氣現象都發生在對流層。對流層之上是平流層，由於臭氧吸收紫外輻射，所以平流層變暖。中氣層溫度再次下降，最上層的增溫層只剩下極小比例的大氣質量，且無明確的上界限。

■ 地球兩種主要的運行：（1）自轉：地球繞著本身的地軸轉動，產生白天與黑夜的日循環；（2）公轉：地球沿其軌道繞太陽運行。

■ 季節的形成有多重因素：由於地軸與地球公轉軌道面的垂直線有 23.5 度的傾斜角，且地球繞日公轉時地軸持續指向同一方向（指向北極星），因此地球與太陽的相對方位也不斷改變，使得太陽角度和白天長度有所變動，因而形成季節。

■ 熱的三種傳遞機制為（1）傳導：物質藉由分子活動來傳遞熱；（2）對流：藉由物質中的質量運動或循環來傳遞熱；（3）輻射：藉由電磁波來傳遞熱。

■ 電磁輻射是以光或波（電磁波）的形式放射的能量，所有輻射都可在真空中傳遞能量。不同的電磁波之間最重要的差異就是波長，從波長很長的無線電波到波長很短的加瑪波。可見光是電磁波譜中我們唯一能看見的部分。輻射加熱大氣的基本定律為：（1）所有物體都會發出輻射能量；（2）較熱的物體比較冷的物體輻射出較多的總熱量；（3）輻射體溫度愈高，最大輻射的波長愈小；（4）易於吸收輻射的物體，也同樣易於放出輻射。

■ 對流層溫度通常隨高度上升而下降，可證實大氣是由地面往上加熱。照射到大氣層頂的太陽能量約有 50％到達地表且被吸收，地球把所吸收的輻射以長波輻射的形式釋出。大氣吸收長波的地球輻射來加熱大氣，主要靠的是水氣和二氧化碳。

■ 二氧化碳是大氣中重要的熱吸收體，為影響大氣加熱的幾種氣體之一。大氣中二氧化碳增加，主要來自燃燒化石燃料和砍伐森林，可見人類可能對全球暖化影響極為深遠。全球暖化的結果包括（1）溫度和降雨形態的改變，（2）海平面逐漸上升，（3）風暴路徑改變、颶風或颱風的頻率和強度增加，（4）熱浪或乾旱的頻率和強度增加。

■ 造成各地溫度不同的因素（也稱為溫度控制）有（1）由於緯度不同，造成接收太陽輻射的差異、（2）水、陸的加熱和冷卻不同、（3）高度、（4）地理位置、（5）洋流。

■ 地圖上的溫度分布可用等溫線來表示，等溫線為溫度相同的點連成的線。

關鍵名詞解釋

中氣層 mesosphere　位在平流層上方，溫度特徵隨高度增加而遞減。

公轉 revolution　一星體繞著另一星體運行，例如地球繞太陽運行。

分點（春分或秋分）equinox（spring or autumnal）　太陽直射赤道的日子，這一天不論在任何緯度上，白天和黑夜都一樣長。

反射 reflection　光遇到障礙物時有一部分或全部返回原入射介質之現象。

反照率 albedo　物質的反射率，一般以入射輻射被反射的比例來表示。

天氣 weather　某地區短時間內的大氣狀態。

北回歸線 Tropic of Cancer　北緯 23.5 度的緯度圈，為太陽直射可達最北的地方。

可見光 visible light　波長介於 0.4 至 0.7 微米之間的輻射。

平流層 stratosphere　位於對流層之上的大氣層，特徵為溫度隨高度升高而增加（因含有臭氧）。

自轉 rotation　星體的轉動，例如地球繞著本身的地軸轉動。

至點（夏至或冬至）solstice (summer or winter)　太陽直射北回歸線或南回歸線的日子。至點代表一年中白天最長或最短的一天。

空氣 air　組成地球大氣之氣體與微粒的混合物，其中氮和氧的含量最多。

要素（天氣和氣候的）element（of weather and climate）　定期測量的氣象數值或特性，用來描述天氣和氣候的性質。

南回歸線 Tropic of Capricorn　南緯 23.5 度的緯度圈，為太陽直射可達最南的地方。

紅外線 infrared　波長介於 0.7 至 200 微米之間的輻射。

氣候 climate 綜合天氣狀態的描述;某個地點或地區的天氣資訊,所有統計數據的總合。

氣懸膠 aerosols 氣體與懸浮於其中的固、液體微粒。

晨昏線 circle of illumination 分隔白天與黑夜的地球大圈分界線。

散射 scattering 當物體小於傳播波的波長時,入射波會散射成數個較弱的波。

無線電探空儀;雷送 radiosonde 輕型的氣象儀器,裝有無線電發射器,由探空氣球攜帶升空。

等溫線 isotherm 溫度相同的點所連成的線,其中 iso 代表相同,thermal 代表熱。

紫外線 ultraviolet (UV) 波長介於 0.2 至 0.4 微米之間的輻射。

軸傾斜 inclination of the axis 地軸與地球公轉軌道面並非垂直,而是有一個傾斜角度。

傳導 conduction 物質藉由分子活動來傳遞熱;分子間藉由彼此碰撞來傳遞能量。

溫室效應 greenhouse effect 大氣不吸收太陽短波輻射,而是選擇性吸收地球長波輻射,特別是由水氣和二氧化碳所吸收。

溫度 temperature 物體的溫度是由其組成物,例如原子或分子的平均動能所決定。

對流 convection 藉由物質或質量運動來傳遞熱,只發生在流體。

對流層 troposphere 位在大氣分層的最底層,特徵是溫度隨高度增加而遞減。

漫射光 diffused light 入日射是以直線行進,但空氣中的微小塵粒和氣體分子,會把一些能量散射至四面八方,這些四散的光線就是漫射光。

增溫層 thermosphere 中氣層之上的大氣層區域,由於氧原子和氮原子會吸收波長非常短的太陽短波能量,溫度又隨高度升高而遞增。

熱 heat 系統與其環境之間,因有溫度差而傳遞的能量。

輻射或電磁輻射 radiation or electromagnetic radiation 藉由電磁波在空間中傳送能量(熱)。

環境直減率 environmental lapse rate 在對流層中,溫度隨高度升高而下降的變化率。

1. 請説明天氣和氣候的區別。

2. 請列出天氣和氣候的基本要素。

3. 潔淨乾空氣的兩種最主要成分是什麼？對氣象而言是否重要？

4. 為何水氣和氣懸膠是大氣的重要成分？

5. a. 為何臭氧對地球上的生物很重要？

   b. 什麼是 CFC ？和臭氧問題有何關連？

   c. 平流層臭氧減少，對人類健康最嚴重的威脅是什麼？

6. 大氣垂直方向可依溫度分為四層，請依照順序（從低到高）列出這些分層的名稱，並敘述每層溫度的變化情形。

7. 如果海平面的溫度是 23℃，在平均狀況下，2 公里高度的氣溫會是幾度？

8. 平流層溫度為什麼會升高？

9. 簡述季節的主要成因。

10. 仔細研究表 11.1，請寫出一段與季節、緯度及白天長度相關的敘述。

11. 請敘述輻射體溫度和其輻射出的波長之間的關係。

12. 請説明熱的三種傳遞機制的區別。

13. 圖 11.18 說明入日射的結果，然而其數值顯示的僅是全球平均，尤其太陽輻射的反射量（反照率）可能會有顯著差別。什麼因素會造成反射率的差異？

14. 請敘述地球大氣加熱的基本過程。

15. 過去一百五十年來，為何大氣的二氧化碳含量升高？

16. 二氧化碳含量若持續增加，低層大氣的溫度可能會如何改變？為什麼？

17. 請列出全球暖化三個可能的後果。

18. 厄瓜多爾的基多位於赤道，且並非沿岸城市，其年平均溫只有 13℃，平均溫度這麼低的可能原因是什麼？

19. 地理位置如何能控制溫度？

水氣、雲和降水

留意以下的問題，
對掌握本章的重要觀念將相當有幫助：

1. 哪些過程會改變水的狀態？
2. 什麼是溼度？表示溼度最常用的方法有哪些？
3. 雲是如何形成的？
4. 大氣穩定度的控制因素為何？
5. 引起空氣垂直運動的四種機制為何？
6. 什麼是凝結的必要條件？
7. 雲分類的兩種依據為何？
8. 什麼是霧？霧是如何形成的？
9. 雲如何產生降水？降水有哪些不同形態？

　　水氣是無味、無色的氣體，會與大氣中其他氣體任意混合。不同於大氣中含量最豐富的兩種成分——氧和氮，水能夠在地球正常溫度及壓力下改變狀態（固態、液態、氣態）。相形之下，除非溫度降低到 − 196℃，氮無法凝結成液態。由於這種獨特的性質，水可以自由脫離海洋成為氣體，又再次成為液體回歸海洋。

　　觀察每日的天氣變化時，你可能會問：為什麼夏天多半比冬天來得潮溼？為什麼雲只在某些情況下形成？在另一些情況下卻不能形成？為什麼有些雲看起來輕薄無害，有些卻形成灰暗的邪惡高塔？答案都在大氣的水氣裡，也就是本章的主題中。

 # 水的物態變化

　　水是唯一能以固態（冰）、液態、氣態（水氣）同時存在於大氣中的物質。水分子由氫原子和氧原子鍵結構成（H_2O），在全部三態中，這些分子都處於等速運動：溫度愈高，運動愈劇烈，即使是冰也一樣。液態水、冰和水氣的主要差別，就是水分子的排列方式。

▶ 冰、液態水、水氣

　　冰是由水分子藉由彼此間分子吸引力聚集在一起而構成的，分子形成緊密有序的網狀結構，如圖 12.1 所示。冰中的水分子無法自由相對運動，而只是在固定範圍內振動。冰加熱時，分子振盪加快，當分子運動速率增加到足以使部分水分子的鍵結斷裂，冰就開始熔化。

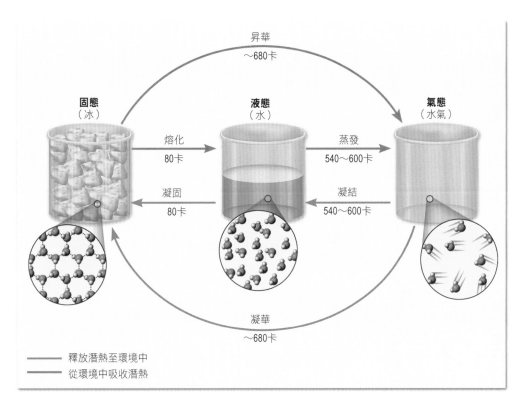

圖12.1 物態變化總是涉及熱的交換。這裡所顯示的是1公克水改變狀態時所需的近似能量值。

　　處於液態的水分子仍是緊密聚集在一起，但分子的運動很快，足以在彼此間滑動。液態水是流體，可隨容器而改變形狀。

　　當液態水從環境獲得能量，有些分子獲得的能量足以破壞分子間剩餘的吸引力，因而從表面逃逸，變成水氣。和液態水相較，充滿能量的水氣分子可以在廣闊空間中任意活動。氣體和液體的區別便是其壓縮性（和擴展性），舉例來說，輪胎打氣時，可以輕易打入更多的空氣，只稍微增加體

積；然而，可別嘗試把十加侖的汽油加入五加侖的汽油罐中。

總結來說，水改變物態時，並沒有變成不同的物質，只是水分子彼此間的距離和互動方式改變而已。

▶ 潛熱

每當水改變物態，水和環境之間就會有熱量交換，水蒸發時會吸熱（圖 12.1）。氣象學家測量熱時通常以卡為單位。1 卡是指 1 克水升高 1℃所需的熱量。因此當 1 克水吸收 10 卡熱量，分子振動會變快，溫度增加 10℃。

在某些情況下，物質加熱，而溫度卻沒有隨之升高。例如加熱一杯冰水時，冰水混和物的溫度會維持在 0℃不變，直到所有冰都熔化。如果加熱並沒有使溫度升高，這些能量到哪裡去了？以這個例子來看，增加的能量是用來破壞冰塊中，水分子間的分子吸引力。

因為用來熔化冰塊的熱並沒有使溫度改變，所以稱為**潛熱**。這些能量可想成是儲存在液態水中，直到液態水還原成固態水時，才會釋放熱至環境中。

熔化 1 克冰需要 80 卡熱量，稱為熔化潛熱，其相反過程稱為凝固，每克會釋放出 80 卡熱量至環境中，稱為凝固潛熱。

蒸發和凝結

冰轉變成液態水時會吸熱，水從液體轉變成氣體（水氣）時也會吸熱，稱為**蒸發**。水分子在蒸發過程中吸收的能量，是用來提供逃離液態水表面、成為氣體所需的運動，該能量稱為蒸發潛熱。在蒸發過程中，溫度較高（運動較快）的分子會逃離表面，因此剩餘的水，平均分子運動（溫

度）會降低，也就是一般常說的「蒸發是冷卻過程」。你從游泳池或浴缸裡，渾身溼答答的走出來時，應該都曾體驗過這種冷卻效果。蒸發潛熱使皮膚上的水分蒸發，結果身體便感覺涼涼的。

相反的，水氣轉變成液態水的過程稱為**凝結**，水氣分子凝結時釋放出的能量稱為凝結潛熱，和蒸發時吸收的能量相等。當大氣發生凝結，就會產生霧或雲等現象。

潛熱在許多大氣過程中都扮演重要角色，特別是水氣凝結成雲滴時，會釋放出凝結潛熱，加熱周圍的空氣使其具有浮力得以上升。空氣的水氣含量很高時，這個過程可促使雲發展成高聳的風暴雲。

昇華和凝華

圖 12.1 顯示的最後兩種過程 —— 昇華和凝華，可能比較不為人所知。**昇華**是由固態不經液態，直接轉變成氣態。舉例來說，你可能看過冰箱中沒用過的冰塊逐漸縮小，還有乾冰（結冰的二氧化碳）很快變成輕煙，然後一下子就不見了。

凝華正好相反，指的是氣態直接轉變成固態的過程。例如水氣在如草或窗戶等固體上凝華成冰。這些凝華物質稱為重白霜或白霜，通常簡稱為霜，家裡常見的例子就是冰箱冷凍庫中的結霜。如圖 12.1 所示，凝華所釋放的能量，等於凝結與凝固釋放能量的總和。

「凍燒」（freezer burn）常用來描述置放在無霜冰箱中很長一段時間的食物。無霜冰箱把較乾的空氣在冷凍櫃中循環，使冷凍櫃壁上的冰昇華（從固態變成氣態），藉以除霜。不幸的是，冷凍食品如果沒有放在密閉容器裡，也會在過程中除去其中的水分。幾個月後，這些食物就會開始變乾，而不是真的被燒壞。

你知道嗎?

溼度：空氣中的水氣

　　水氣只占大氣的一小部分，以體積來看，其比例變化從最小占 0.1％到最多約 4％，似乎微不足道，但是空氣中水氣的重要性卻遠大於其所占的比例。事實上，在研究大氣的各種過程中，科學家認為水氣是大氣中最重要的氣體。

　　溼度代表空氣中的水氣量，氣象學家用來表示空氣中水氣量的方式有很多種，我們將說明以下三種：混合比、相對溼度和露點溫度。

▶ 飽和

　　在研究如何測量溼度之前，要先明白一個很重要的觀念：**飽和**。想像有一個密封罐，裡頭裝有一半水和一半乾空氣，兩者溫度相同。當水開始從水面蒸發，其上方空氣的壓力會略微升高，因為蒸發使空氣中的水氣分子增加，這壓力升高是增加的水氣分子的運動造成的。在開放大氣中，該壓力稱為**水氣壓**，其定義為水氣量造成的壓力，在總大氣壓力中的貢獻。

　　在密閉容器裡，當更多的水分子從水面逃逸，空氣裡逐漸增加的水氣壓會促使這些分子再回到液體水中，回水面的水氣分子和逃逸的水氣分子最後將達到平衡，這時便可稱空氣為飽和。如果我們加熱容器，使水和空氣的溫度升高，便有更多的水蒸發，直到達成新的平衡。因此，溫度愈高，達飽和所需的水分就愈多。表 12.1 列出不同溫度下達飽和所需的水氣量。

表12.1　一公斤空氣在不同溫度下達飽和所需的水氣量（克）

溫度（攝氏）	每公斤空氣所含水氣量（克）	溫度（攝氏）	每公斤空氣所含水氣量（克）
−40	0.1	15	10
−30	0.3	20	14
−20	0.75	25	20
−10	2	30	26.5
0	3.5	35	35
5	5	40	47
10	7		

▶ 混合比

　　當然，並非所有空氣都是飽和的，因此我們需要方法來表示空氣塊（parcel of air）有多潮溼。方法之一是測量單位空氣中含的水氣量，混合比為單位空氣中的水氣和剩餘乾空氣的質量比。

$$混合比 = \frac{水氣質量（克）}{乾空氣質量（公斤）}$$

　　表 12.1 列出的是不同溫度下飽和空氣的混合比。例如 25℃時，1 公斤重的飽和空氣塊，應含有 20 克的水氣。

　　因為混合比以質量單位來表示（通常是克／公斤），所以不會受壓力或溫度改變的影響。然而直接取樣測量混合比很費時，還有其他方法可表示空氣中的水氣量，包括相對溼度和露點溫度。

相對溼度

描述空氣中的水氣量時，一般人最熟悉、但可惜也最常誤用的就是相對溼度。**相對溼度**為空氣實際水氣量與該溫度的飽和水氣量之比。因此相對溼度指的是空氣的飽和程度，而不是空氣中實際的水氣量。

從表 12.1 可看出，25℃的飽和空氣每公斤含有 20 克水氣。所以如果某天 25℃，空氣每公斤只含有 10 克水氣，則相對溼度為 50％。如果 25℃的空氣每公斤含有 20 克水氣，則相對溼度為 100％。當空氣相對溼度達到 100％就是飽和。

因為相對溼度是根據空氣的水氣量，以及飽和時所需水氣量而定，所以相對溼度的改變有兩種可能。首先，水氣增加或減少會改變相對溼度；再者，由於達飽和所需的水氣量是氣溫的函數，因此相對溼度會隨溫度而改變。（達飽和所需的水氣量取決於溫度，所以溫度愈高，達飽和所需的水氣愈多。）

水氣增加或減少

注意圖 12.2 中，當空氣塊中加入水氣，其相對溼度會持續增加，直到飽和（相對溼度 100％）。如果在飽和空氣塊中加入更多水氣會如何？相對溼度會超過 100％嗎？通常這種情況不會發生，而是多餘的水氣會凝結成液態水。大自然中，空氣中的水氣主要是從海洋蒸發而來，植物、土壤和較小水體也有很大的貢獻。

溫度改變

影響相對溼度的第二種情形是氣溫。仔細研究圖 12.3，注意圖 A 中，20℃的空氣每公斤含有 7 克水氣，其相對溼度為 50％，參考表 12.1 可證

温度
25℃

1公斤空氣

5克水氣

1. 25℃時的飽和混合
　比＝20克/公斤*
2. 水氣量＝5克
3. 相對溼度＝5/20
　＝25%

*見表12.1

A. 初始狀態

25℃

1公斤空氣

10克水氣

蒸發

1. 25℃時的飽和混合
　比＝20克/公斤*
2. 水氣量＝10克
3. 相對溼度＝10/20
　＝50%

B. 增加5克水氣

25℃

1公斤空氣

20克水氣

蒸發

1. 25℃時的飽和混合
　比＝20克/公斤*
2. 水氣量＝20克
3. 相對溼度＝20/20
　＝100%

C. 增加10克水氣

圖12.2　相對溼度。 在溫度保持不變下，空氣中加入水氣會使相對溼度增加。當水氣量增加時，飽和混合比維持在每公斤20克，而相對溼度則從25%增加到100%。

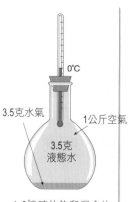

温度
20℃

1公斤空氣

7克水氣

1. 20℃時的飽和混合
　比＝14克/公斤*
2. 水氣量＝7克
3. 相對溼度＝7/14
　＝50%

*見表12.1

A. 初始狀態

10℃

1公斤空氣

7克水氣

1. 10℃時的飽和混合
　比＝7克/公斤*
2. 水氣量＝7克
3. 相對溼度＝7/7
　＝100%

B. 冷卻到10℃

0℃

3.5克水氣

1公斤空氣

3.5克
液態水

1. 0℃時的飽和混合比
　＝3.5克/公斤*
2. 水氣量＝3.5克
3. 相對溼度＝3.5/3.5
　＝100%

C. 冷卻到0℃

圖12.3　相對溼度隨溫度的變化。

當水氣量（混合比）維持不變時，相對溼度會隨氣溫升高或下降而改變。以本圖為例，當燒瓶中氣溫從20℃降到10℃，相對溼度會從50%增加到100%，因此10℃就是露點溫度。若溫度再降低（從10℃降到0℃），會導致一半的水氣凝結。在大自然中，當空氣冷卻至露點溫度以下時，通常會導致凝結而形成雲、露或霧。

實：20℃的飽和空氣，每公斤含有 14 克水氣，因為圖 12.3A 的空氣含有 7
克水氣，因此其相對溼度為 50％。

圖 12.3B 中，燒瓶從 20℃冷卻到 10℃時，仍含有 7 克水氣，但相對溼
度從 50％增加為 100％。從這裡我們獲得結論：當水氣量維持不變，溫度降
低會導致相度溼度增加。

如果空氣變得比達飽和時的溫度更冷，會發生什麼事？圖 12.3C 說明這
種情形，從表 12.1 得知，當燒瓶溫度冷卻到 0℃，每 1 公斤空氣中的水氣量
達 3.5 克就會飽和。由於燒瓶一開始就裝有 7 克水氣，其中的 3.5 克無處可
去，因為較冷的空氣中已容納不下這些水氣，所以這些水氣會凝結形成小
水滴，聚集在容器壁上，而空氣的相對溼度還是維持 100％。

這裡有一個重要的觀念：當高處的空氣因冷卻而達到飽和時，有些水
氣便會凝結形成雲。因此雲中小水滴（或冰晶）的形成，會減少空氣中的
水氣含量。（雲是由小水滴或冰晶組成的，因為這些雲滴太小了，所以不會
落到地面。）

溫度對相對溼度的作用可總結如下：當空氣的水氣含量保持不變，氣
溫降低會導致相對溼度增加；反之，氣溫升高會導致相對溼度減小。圖 12.4
可說明上述的關係。

▶ 露點溫度

另一個測量溼度的方法是露點溫度。**露點溫度**也簡稱為**露點**，是指空
氣冷卻至飽和時所需的溫度。例如圖 12.3 中，燒瓶中的未飽和空氣必須冷
卻到 10℃才能達到飽和，所以該空氣的露點溫度就是 10℃。在大自然中，
冷卻至露點以下會導致水氣凝結成露珠、霧或雲。露點的由來，其實是夜
間近地面物體冷卻至露點以下時，經常會蒙上露水，因而得名。

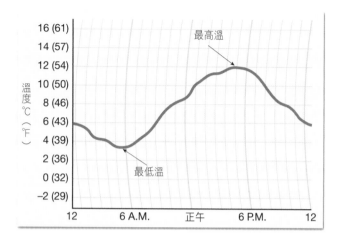

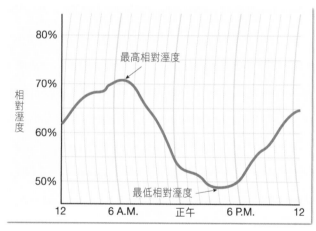

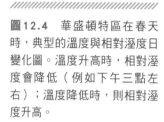

圖12.4 華盛頓特區在春天時，典型的溫度與相對溼度日變化圖。溫度升高時，相對溼度會降低（例如下午三點左右）；溫度降低時，則相對溼度升高。

　　不同於相對溼度測量空氣的飽和程度，露點溫度測量的是空氣塊所含的實際水氣量。因為露點溫度和空氣中的水氣量成正比，而且較容易測量，可說是最常用的溼度測量方法之一。

　　由於露點溫度是空氣達飽和時的溫度，我們可結論如下：露點溫度高代表空氣潮溼，露點溫度低代表空氣乾燥。事實上，露點溫度每增加

10℃，空氣的水氣量大約增加一倍。從表 12.1 可得出這個結果：20℃的飽
和暖空氣，含水氣量為 10℃飽和冷空氣所含水氣量的兩倍。

　　由於露點溫度是測量空氣中水氣量的好方法，許多天氣圖都會用這個
方法來表示大氣中的水分。仔細觀察圖 12.5 的地圖，在靠近溫暖墨西哥灣
的北美大多數地方，露點溫度都超過 70 ℉（21℃）。露點溫度超過 65 ℉
（18℃）時，大多數人會感覺很潮溼，而露點溫度超過 75 ℉（24℃）時，就
會感覺很悶熱。同時注意圖 12.5 中，雖然東南部大致都很潮溼（露點超過
65 ℉），其他地方的空氣倒是相當乾燥。

圖12.5　本圖為2005年9月15日
的地面露點溫度分布圖。美國
東南部的露點溫度都在60℉以
上，顯示該地區的空氣相當潮
溼。

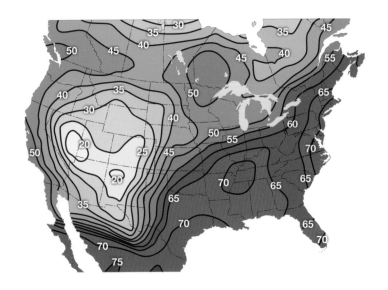

測量溼度

　　一般常用**溼度計**來測量相度溼度。有一種溼度計稱為手搖乾溼計，它
是兩個相同的溫度計並排（圖 12.6），其中一個為乾球溫度計，可測出目前

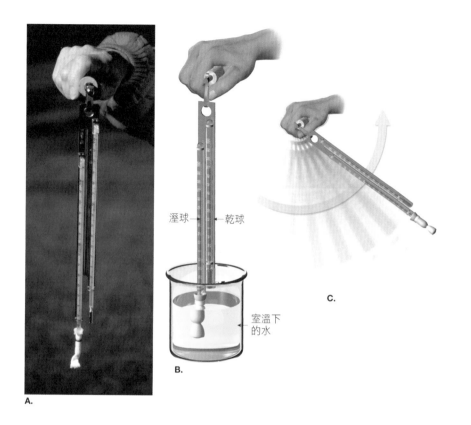

溼球 — 乾球

室溫下
的水

B.

C.

///

圖12.6 手搖乾溼計。
A. 手搖乾溼計用來測量相對溼
度和露點溫度。
B. 乾球溫度計可以測出目前氣
溫，溼球溫度計有一層沾過
水的紗布包住。
C. 旋轉溫度計，直到溼球溫度
計的溫度不再下降，便可讀
取溫度計上的數值，然後再
對照附錄 C 的表格。
（Photo by E. J. Tarbuck）

A.

氣溫，另一個為溼球溫度計，底部以細紗布包裹住（見圖 12.6 的溫度計底部）。

使用手搖乾溼計時，先用水把紗布套浸溼，為了使紗布保持通風，可以把乾溼計在空中旋轉或搖晃，或是對著乾溼計搧風。結果，紗布的水蒸發、把熱帶走，使溼球溫度下降。由於溼球的水蒸發時會吸熱，使熱減少，導致溼球溫度讀數降低。

溼球溫度降低的度數與空氣的乾燥程度成正比，空氣愈乾，水氣蒸發

你知道嗎？

一般人總以為霜是結冰的露珠，其實不然。確切的說，當飽和溫度達 0°C 或以下（稱為霜點），有時會形成重白霜或白霜。因此，當水氣未經液態，而直接從氣態轉變成固態（冰），便會形成霜。這個過程稱為凝華，冬季時，這個過程常會在窗戶上產生細緻燦爛的冰晶圖案。

你知道嗎？

如同大家所預期，美國最潮溼的城市位在靠海而經常會有海風吹襲的地區。最潮溼紀錄保持者為華盛頓州的奎拉尤特（Quillayute），平均相對溼度高達 83%。然而俄勒岡州、德州、路易斯安納州、佛羅里達州的許多沿岸城市，平均溼度也都超過 75%。東北部的沿岸城市則沒那麼潮溼，因為當地的氣團通常都源自較乾燥的內陸地區。

愈多；水氣蒸發吸的熱愈多，溫度降低愈多。因此，乾、溼溫度計的溫度讀數相差愈大，相對溼度愈低；溫度相差愈小，相對溼度愈高。如果空氣飽和，水氣就不會蒸發，兩個溫度計的讀數便相同。

　　要從溫度計讀數準確的測量相對溼度，需參考第 1 冊附錄 C 的標準表格。以相同的資料對照另一種不同表格，也可計算出露點溫度。

　　還有一種溼度計是用於遙測儀器組（如無線電探空儀）可把高空的觀測資料傳回地面測站，這種電溼度計，包含一個電導體，上面覆有一層會吸水的化學物質，是利用相對溼度改變、通過的電流也會改變的原理，來測量相對溼度。

雲的形成：絕熱冷卻

到目前為止，我們已探討過水氣的基本性質，以及如何測量其變化。本節將探討在天氣、尤其是雲的形成過程中，水氣所扮演的重要角色。

▌ 霧和露以及雲的形成

記得水氣會凝結成液態水。凝結會形成露、霧或雲。雖然這三種形式各不相同，但都需要空氣達飽和。如前所述，當足夠的水氣加入空氣中，或是當空氣冷卻至露點（較常見），便會發生凝結現象。

近地表處，地面和上方空氣間可輕易交換熱，傍晚時地面會把熱輻射出去，使地面和近地面的空氣迅速冷卻，這種「輻射冷卻」會形成露和某些形態的霧。如此說來，日落後地面冷卻可解釋某些凝結過程。然而，雲的形成通常都是在白天較暖的時候，想必在空中另有機制可使空氣充分冷卻，導致雲的生成。

▌ 絕熱溫度變化

如果你曾為腳踏車輪胎打氣，應該會注意到打氣筒變得熱熱的，這個例子可用來說明大多數雲的形成過程。你感覺到的熱，是因為你做功壓縮空氣的結果。當能量用於壓縮空氣，氣體分子運動增加，因此空氣溫度升高。反之，當空氣從腳踏車輪胎逃逸時，會膨脹而冷卻，由於膨脹的空氣塊會推擠周遭空氣（對環境做功），因此會隨能量消耗而冷卻。

使用頭髮噴霧或除臭噴霧劑時，你應該也體驗過氣體噴出時膨脹的冷卻作用。噴霧罐中的壓縮氣體釋放出來時，會迅速膨脹而冷卻。即使沒有加熱也沒有減熱，溫度依然會下降。當空氣壓縮或膨脹時，就會發生所謂的絕熱溫度變化。總結來說，空氣膨脹時會冷卻，受壓縮時會變暖。

▶ 絕熱冷卻與凝結

為使下列討論更容易瞭解，可以把一團空氣想像成包裹在薄薄的塑膠套裡頭，氣象學家稱這團想像的空氣為**氣塊**。一般來說，氣塊的體積約為幾百立方公尺，而且假設它獨立於周圍空氣可自由活動，並假設沒有熱輸入或輸出氣塊。雖然很理想化，在短時間內，氣塊的行為和實際空氣在大氣中的垂直運動頗為類似。

乾絕熱率

從地表往上空移動，大氣壓力會迅速下降，因為高處的氣體分子愈來愈少。因此，當氣塊向上移動，途經的氣壓逐漸降低，上升的空氣會逐漸膨脹。氣塊膨脹，導致了絕熱冷卻，未飽和的空氣每上升 1 千公尺，溫度會以降低 10℃ 的定值改變。

反之，氣塊下沉時，途經的氣壓逐漸升高，氣塊壓縮，每下沉 1 千公尺溫度升高 10℃。此冷卻或加熱率只適用於未飽和空氣，稱為**乾絕熱率**。

溼絕熱率

如果氣塊上升得夠高，終將會冷卻到露點而開始凝結。到達露點之後，上升途中儲存於水氣中的*凝結潛熱*便會釋放出來。雖然空氣在開始凝結後仍會繼續冷卻，但釋出的潛熱違反絕熱過程，因而使空氣的冷卻率變

小。由於潛熱的增加而變小的冷卻率，稱為**溼絕熱率**。由於潛熱釋放量取決於空氣中的水氣量，因此溼絕熱率從每 1 千公尺 5℃（水氣量較高的空氣）到每 1 千公尺 9℃（較乾的空氣）不等。

　　圖 12.7 說明絕熱冷卻在雲形成過程中的作用。注意從地面到凝結高度，空氣是乾絕熱冷卻，凝結高度以上則是溼絕熱冷卻。

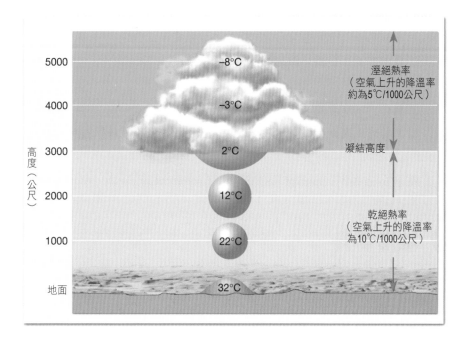

圖12.7　上升空氣絕熱冷卻率為每1千公尺下降10℃，直到空氣達到露點溫度而開始凝結（形成雲）。空氣繼續上升，凝結所釋放的潛熱使冷卻率變小，因此溼絕熱率小於乾絕熱率。

空氣舉升過程

　　複習一下：空氣上升會膨脹而絕熱冷卻。如果空氣上升得夠高，終將會冷卻至露點溫度，於是開始凝結，使雲發展起來。但是，為何空氣有時

會上升，有時卻不會？

一般來說，空氣不輕易垂直運動，因此近地面空氣傾向於停留在地面附近，上空的空氣則傾向於停留在上空。但也有例外，某些大氣狀況無需外力，就會提供空氣足夠的浮力升空。然而在很多情況下，當你看見雲形成，多半是由於某種機制現象做功，強迫空氣上升（至少剛開始是如此）。

有四種機制會導致空氣上升：

1. 地形舉升：空氣越過山脈屏障被強迫抬升。
2. 鋒面舉升：較暖、密度較小的空氣被較冷、密度較大的空氣強迫抬升。
3. 輻合：水平氣流匯集累積，造成空氣向上運動。
4. 局部對流舉升：地面加熱不均，導致局部空氣因本身浮力而上升。

在第 13 章會進一步探討其他導致空氣上升的機制。

▶ 地形舉升

較高地形如山脈等對氣流形成障礙，因而造成**地形舉升**（圖 12.8）。當空氣上升越過山坡，通常會絕熱冷卻而生成雲和豐沛降水。事實上，世界上雨量最多的地方，大多位在山坡的迎風面。

當空氣越過山到達山的背風面時，已經喪失大部分水氣。如果空氣下沉，會進行絕熱增溫，就更不可能發生凝結和降水（如圖 12.8 所示），結果就是造成了**雨蔭沙漠**。美國西部的大盆地沙漠距離太平洋僅幾百公里遠，但卻遭氣勢雄偉的內華達山完全阻絕海洋水氣。蒙古的戈壁沙漠、中國的塔克拉瑪干（Takla Makan）、阿根廷的巴塔哥尼亞沙漠（Patagonia Desert）都是位於山的背風面因而形成的。

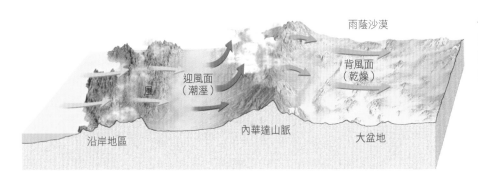

圖12.8　地形舉升和雨蔭沙漠。空氣越過地形障礙被迫上升，稱為地形舉升。

世界上雨量最多的地方，大多位在山坡的迎風面。夏威夷州威亞雷雷山（Mount Waialeale）測站測得的最高年平均降雨量為 1,234 公分。連續十二個月的降雨量最高紀錄，發生在印度的乞拉朋吉（Cherrapunji），高達驚人的 2,647 公分。其降雨大部分發生在 7 月，最高紀錄為 930 公分，為芝加哥平均一整年雨量的十倍。

你知道嗎？

鋒面舉升

如果地形舉升是強迫空氣上升的唯一因素，則一望無際的北美中部平原地區將成為遼闊的沙漠，而不是美國的糧倉。幸好事實並非如此。

在北美的中部地區，冷、暖氣團在此交會形成**鋒面**。較冷、密度較大的空氣如同一層障礙物，使較暖、密度較小的空氣向上抬升，此過程稱為**鋒面舉升**，說明如圖 12.9。

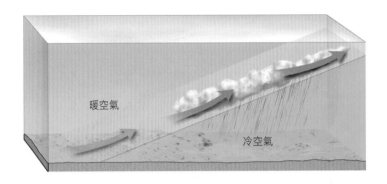

////　**圖12.9**　鋒面舉升。密度較大的空氣如同障礙物，使較暖而密度小的空氣向上抬
////　　升。

　　鋒面造成天氣現象伴隨風暴系統，稱為溫帶氣旋。因為這些風暴為溫
帶地區帶來大量降水，我們將在第 4 冊第 14 章中詳細討論。

▶ 輻合

　　前面我們學到，不同氣團相遇會迫使空氣上升。更全面來看，每當低
層大氣的空氣匯集，就會造成舉升，這個現象稱為**輻合**。當空氣從各個方
向流入，一定要有地方去，因為無法往下，所以只好往上（圖 12.10A）。這
當然會導致絕熱冷卻，而且可能形成雲。

　　當水平氣流（風）因障礙物而減緩或受到限制，也會發生輻合。空氣
從較平的表面（如海洋）移動至不規則地形時，速度會減緩，結果使空氣
匯集堆積（輻合）。這和爆滿的運動場比賽結束後，人們在出口處大排長龍
的情形很類似。不過，空氣輻合時，空氣分子並不是彼此擠在一起（人擠
人），而是整個向上移動。

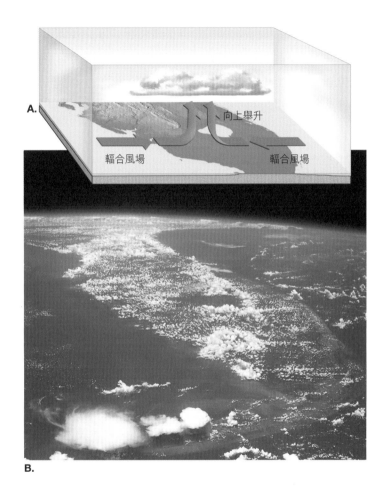

/////////////////////////////////////

圖12.10 輻合。

A. 地面空氣輻合時,由於地面空間不夠,空氣只好向上移動。

B. 從太空梭看到的美國佛羅里達州南部。在天氣較暖時,來自大西洋和墨西哥灣的氣流吹進佛羅里達半島,形成許多午後雷雨。

(Photo by NASA /Media Service)

以美國佛羅里達半島為例,可解釋輻合在引發雲的發展與降水過程中扮演的角色。天氣溫暖的時候,氣流從海洋沿佛羅里達兩岸吹向陸地,使空氣沿岸邊匯集,在半島上空造成輻合(圖 12.10B)。空氣的移動模式造成舉升,加上地面受到強烈的太陽加熱,更助長空氣上升。這使得佛羅里達半島成為美國發生午後雷雨頻率最高的地區。

更重要的是，輻合造成的強迫舉升是產生溫帶氣旋和颶風、颱風等天氣現象的主要因素。伴隨這些系統的低層大氣平行氣流，會繞流入系統中心並向上移動。稍後會再詳細討論這類重要的天氣，目前要先記住，近地面輻合會造成氣流整體向上移動。

▶ 局部對流舉升

在溫暖炎熱的夏天，地表加熱不均會使某些空氣塊比周圍空氣暖，例如停車場上方的空氣會比附近森林公園上方的空氣來得暖。停車場上方的氣塊比周圍空氣暖（密度較小），結果會因浮力而上升（圖 12.11），這些上升的暖氣塊稱為熱流。老鷹等鳥類就是利用這種熱氣流，才能飛到很高的地方，居高臨下盯緊無辜的獵物。人類也學會利用這些上升氣流來操控滑翔翼，享受飛行的樂趣。

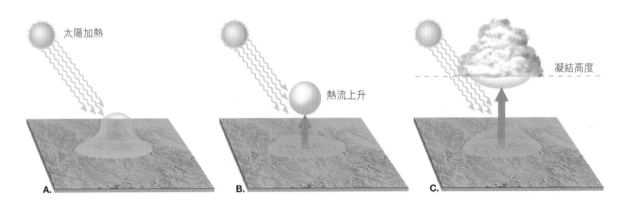

圖12.11 局部對流舉升。
A.地表加熱不均，使空氣塊比周圍空氣暖。B.熱空氣塊因浮力而上升，產生熱流。C.如果熱流到達凝結高度，就會形成雲。

　　產生熱氣流上升的現象稱為**局部對流舉升**，當這些暖氣塊上升超過凝結高度，就會形成雲，因而產生午後陣雨。隨之出現的雨勢雖然通常都很劇烈，但時間多半很短，而且零星散布各地。

　　雖然局部對流舉升本身並非降水的主要因素，但這種因地面加熱造成的浮力，對於由其他機制引發的舉升作用，仍有很重要的貢獻。還要記得，其他機制是迫使空氣上升，而對流舉升是因為空氣比周圍空氣暖（密度較小）而上升，和熱氣球上升的原理相同。

 # 天氣製造者：大氣穩定度

　　空氣上升會冷卻，最後產生雲。為何雲有大有小？又為何導致不同的降水？答案都和空氣的穩定度有密切關係。

　　還記得氣塊可想成是包裹在薄薄的塑膠套裡頭的空氣，它可膨脹但不能和周圍空氣混合。如果這氣塊被迫上升，溫度會因膨脹而冷卻。比較氣塊和它周圍空氣的溫度，就可以決定空氣的穩定度。如果氣塊溫度比周圍環境低，密度就會比較大，若讓其自由移動，氣塊將會下沉到原來的地方。這類的空氣稱為**穩定空氣**，不會產生垂直運動。

　　然而，如果這團想像的氣塊比周圍空氣暖，密度較小，則會繼續上升，直到與周圍空氣溫度相同的高度。這就是熱氣球的原理，只要比周圍空氣暖而密度較小，就會上升，這類空氣稱為**不穩定空氣**。總結來說，穩定度是空氣的一種性質，描述其留在原地（穩定）或上升（不穩定）的傾向。

根據美國國家氣象局的紀錄，
紐約州的羅徹斯特每年平均下雪近 239 公分，
是美國下雪最多的城市，
而紐約州的水牛城則屈居第二。

穩定度的類型

　　空氣的穩定度取決於大氣不同高度的溫度，也就是第 11 章中曾介紹過的環境直減率。環境直減率是由無線電探空和飛機實際觀測所得的大氣溫度變化，不要和絕熱溫度變化混淆，後者是因氣塊上升膨脹或沉降壓縮所造成的溫度變化。

　　假設環境直減率為每 1 千公尺溫度下降 5℃（圖 12.12），若地面空氣溫度為 25℃，則 1 千公尺高的空氣溫度應該會降低 5℃，也就是在 20℃。二千公尺高的空氣溫度則是 15℃，以此類推。一開始，看起來似乎地面空氣密度小於 1 千公尺高的空氣密度，因為溫度高了 5℃。然而，如果近地面空氣未飽和，上升到 1 千公尺高，會以乾絕熱率（每 1 千公尺降低 10℃）膨脹冷卻，因此到達 1 千公尺高時，其溫度會降低 10℃，變成比環境還低 5℃，於是因密度較大而下沉至原來的位置。由此可見，近地面空氣有可能比上方空氣冷，因此不會自己上升，空氣可稱為穩定，不會產生垂直運動。

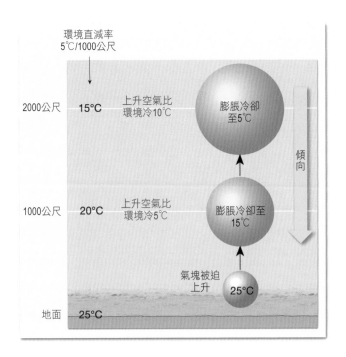

絕對穩度

定量來說，當環境直減率小於溼絕熱率，屬於**絕對穩度**。圖 12.13 以環境直減率每 1 千公尺降溫 5℃、溼絕熱率每 1 千公尺降溫 6℃ 來說明這類情形。在 1 千公尺高度，周圍空氣溫度為 15℃，而上升氣塊溫度降低至 10℃，因此密度較大。即使該穩定空氣被迫上升超過凝結高度，仍比周圍空氣冷且重，會傾向於回到地面。

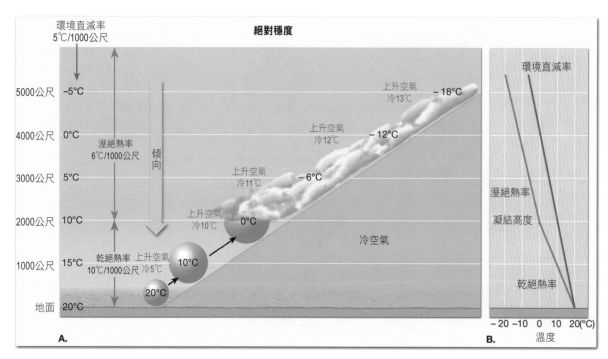

圖12.13 當環境直減率小於溼絕熱率，屬於絕對穩度。
A. 上升氣塊總是比周圍空氣冷而密度大，即使穩定空氣被迫上升，只會產生扁平狀的層雲。
B. 圖解說明圖A的情形。

絕對不穩度

　　另一種情形，當環境直減率大於乾絕熱率，便會表現出**絕對不穩度**。如圖 12.14 所示，上升氣塊總是比周圍的空氣暖，所以會因本身浮力而繼續上升。然而，絕對不穩度通常發生在靠近地面，在晴朗炎熱的日子，有些地面（如購物中心的停車場）對上方空氣的加熱，比鄰近地面的多，這些受到強烈加熱、看不見的氣塊，比上方的空氣輕（密度小），將會如熱氣球

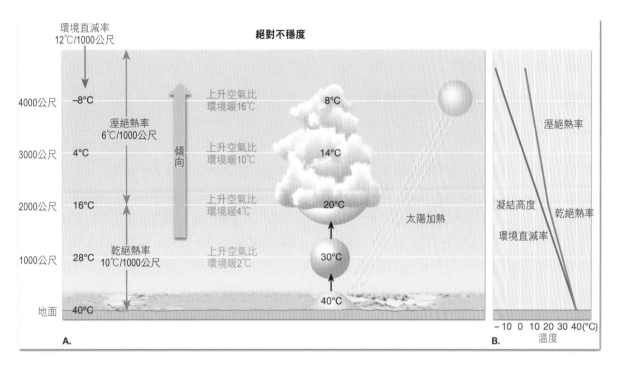

圖12.14 絕對不穩度說明。
A.太陽加熱使低層大氣溫度升高，比上方空氣暖，形成絕對不穩度。結果環境直減率遽增，使大氣變得不穩定。
B.圖解說明圖A的情形。

年平均降水量的最低紀錄發生在智利的亞力加（Arica），
每年只有 0.08 公分的雨量。
這個位於南美洲的地區在五十九年的時間當中，
總降水量竟少於 5 公分。

你知道嗎？

般上升。這種現象會產生一朵一朵小巧的晴空積雲。偶爾，當地面空氣比上方空氣暖很多時，便可能造成雲顯著的垂直發展。

條件不穩度

當溼空氣的環境直減率介於乾絕熱率與溼絕熱率之間（介於每 1 千公尺 5℃ 到 10℃ 之間），稱為**條件不穩度**，這是較常見的大氣穩定度類型。簡單的說，當氣塊未飽和時為穩定，飽和時為不穩定，便可說大氣為條件性不穩定。圖 12.15 中，在約 3 千公尺以下，上升氣塊都比周圍空氣冷，超過凝結高度之後，由於多了潛熱，氣塊變得比周圍空氣暖。從此之後，氣塊不需其他外力，只因本身浮力而繼續上升。因此，條件不穩度取決於上升空氣是否飽和。稱之為條件是因為在空氣變得不穩定而憑藉本身浮力上升之前，必須被迫上升（例如越過山脈地形）。

總結來說，空氣的穩定度取決於大氣在不同高度的溫度。簡言之，當近底層空氣比上方空氣明顯較暖（密度較小），亦即環境直減率較大，便視該層空氣為不穩定。在這種情形下，空氣會上下移動，下方的暖空氣上升，取代上方冷空氣的位置。反之，當環境直減率較小時，便視空氣為穩定。

▶ 穩定度和每日天氣

由前面的探討我們可得出結論：空氣穩定不利於垂直運動，而空氣不穩定會因本身浮力而易於上升。但這些情形如何具體顯現在每日天氣上？

由於空氣穩定不利於向上運動，我們可推斷當大氣處於穩定情況下，雲將不會形成。雖然這似乎很合理，但記得有些過程會強迫空氣上升，包括地形舉升、鋒面舉升和輻合。當穩定空氣被迫舉升，形成的雲分布較

廣，且垂直厚度比其水平範圍小得多，如果有降水的話，也是輕微降水，
頂多中度降水。

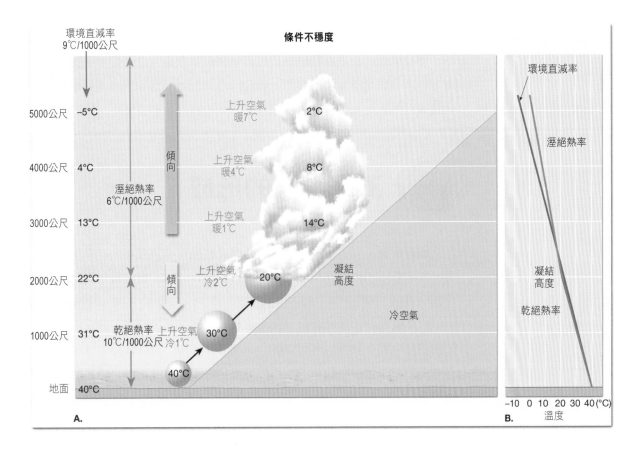

圖12.15 以暖空氣被迫沿鋒面邊緣上升，來說明條件不穩度。

A. 環境直減率為每1千公尺降溫9℃，介於乾絕熱率和溼絕熱率之間。在約3千公尺
  以下，氣塊比周圍空氣冷，傾向於沉降回地面（穩定）。然而，在此高度以
  上，空氣變得比周圍空氣暖，於是因本身浮力而上升（不穩定）。因此當條件
  不穩定空氣被迫上升，可能會形成高聳的積雲。

B. 圖解說明圖 A 的情形。

相反的，不穩定空氣上升所生成的雲都很高，且經常發展為雷雨，有時甚至會形成龍捲風。由此可見，如果天氣陰鬱、多雲又下著毛毛雨，便可斷定是穩定空氣被迫舉升。反之，如果天空出現形狀如花椰菜一般的雲，仿彿熱空氣泡一團一團洶湧而升，便可相當確定上升空氣為不穩定。

總結來說，穩定度對於每日的天氣來說具有很大的影響力。穩定度有很大程度會影響雲的發展類型，以及降水情況會是溫和的陣雨或是劇烈的傾盆大雨。

凝結和雲的形成

簡短複習一下：空氣中的水氣轉變成液態水稱為凝結，結果可能形成露、霧或雲。任何凝結型態發生時，空氣需為飽和。飽和最常發生於空氣冷卻至露點，或是空氣中加入水氣（較少見）。

水氣凝結時，通常要有一表面讓水氣可以在上面凝結。地上或近地面的物體如草和車窗等，都可以提供表面讓露生成。但是當凝結發生在地面上方的空氣中，微小的顆粒物質便可充當表面讓水氣凝結，這就是所謂的**凝結核**。這些凝結核很重要，如果沒有它們，相對溼度必須超過100％才能產生雲。

微小的灰塵、煙和鹽粒（來自海洋）等凝結核，在低層大氣相當充沛。由於這些粒子很多，相對溼度很少超過101％。有些粒子因為會吸水（如海鹽），是特別好的凝結核，這類粒子稱為**吸水核**。

發生凝結時，一開始雲滴生長得很快，但由於剩餘的水氣會受數量極多的粒子迅速競相吸收，雲滴的成長率很快就減慢下來。結果形成的雲含

有幾百幾千萬的微小水滴，小到可以**繼續懸浮在空中**。當雲形成於冰點以下時，還會形成微小的冰晶。因此雲可能由水滴或冰晶組成，或兩者皆有。

雲滴的生長有賴凝結的增加，但生長速率緩慢，加上雲滴和雨滴的大小差別懸殊，表示光靠凝結並無法使雲滴成長，並大到足以落下成雨。首先我們將探討雲，然後再來看降水是如何形成的。

▶ 雲的類型

雲是大氣和天氣中最引人矚目且最容易觀察的。**雲**是一種凝結型態，可形容為可見的微小水滴或冰晶的聚集。雲在天空不但顯眼又壯觀無比，氣象學家對於雲也一向都很有興趣，因為雲能提供可見的指標，告訴我們大氣到底發生了什麼事。曾經觀察雲，且想認出不同雲的種類的人，總是會被這些似曾相識、時白時灰、五花八門、徜徉在天空的東西搞得一頭霧水。儘管如此，只要學會雲的基本分類法，困惑多半會一掃而空。

雲可依據型態和高度來分類（圖 12.16），雲的三種基本型態為：卷雲、積雲和層雲。

- **卷雲** 高、白、薄，看起來一片一片的，由小雲胞組成，或像是纖細的紗狀布幔，或是一束一束細長的纖維，通常外觀看起來如羽毛一般。
- **積雲** 是一團一團各自獨立的雲，通常底部扁平，頂端則像是高高隆起的圓頂或堡壘，常被形容成一朵朵的花椰菜。
- **層雲** 看起來像是一大片或一大層的雲遮蔽大半個天空，有時會有些小裂縫，但是沒有個別獨立的雲體。

所有的雲都不出這三種類型，不然就是這些雲的混合或變型。

圖12.16 雲根據高度和型態的
分類。

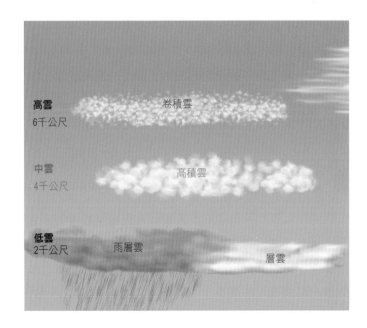

　　雲以高度來說可分為三種：高雲、中雲和低雲（圖 12.16）。**高雲**通常雲
底高度超過 6 千公尺，**中雲**通常高度在 2 千到 6 千公尺之間，**低雲**通常形
成於 2 千公尺以下。以上列出每種雲的高度範圍並非拘泥不變，而是會隨
季節及緯度而變。例如在高緯度地區或是中緯度的寒冷冬季，高雲經常會
出現在較低的高度。

高雲

　　高雲族（6 千公尺以上）由三種雲類組成：卷雲、卷層雲和卷積雲。卷
雲薄而纖細，有時看起來像是捲捲的細絲，稱為「馬尾」（mares' tail，圖
12.17A）。顧名思義，卷積雲看起來蓬鬆輕軟（圖 12.17B），而卷層雲則是平
平的一大層（圖 12.17C）。因為高的地方溫度很低且水氣量很少，所有的高
雲都很薄、很白，由冰晶組成。而且這些雲都不會產生降水，然而當卷雲

轉變成卷積雲且漸漸覆蓋天空時，有可能是壞天氣即將來臨的預兆。

中雲

　　出現在高度範圍為 2 千到 6 千公尺之間的雲，名稱都有個「高」字。高積雲也是一團一團的（圖 12.17D），但不像積雲那樣巨大而濃密。高層雲是一大片均勻、遮蔽天空的白或灰的雲層，可以看見太陽或月亮透光成一小亮點（圖 12.17E）。這些雲偶爾會伴隨小雪或毛毛雨。

低雲

　　低雲族有三個成員：層雲、層積雲和雨層雲。層雲是一層均勻如霧般的雲層，通常會遮蔽大半天空，這類雲會產生輕微降水。當層雲發展出扇般的底部，看起來像是一團團平行的長麵包捲，或是一塊塊圓圓的碎片，

圖12.17 這些照片顯示幾種常見的不同類型的雲。
（Photo A, B, D, E, F, G by E. J. Tarbuck, C by Hemera/ Thinkstock, H by iStockphoto/ Thinkstock）

A.卷雲　　　　　　B.卷積雲

C.卷層雲　　　　　D.高積雲

便稱為層積雲。

　　雨層雲（nimbostratus）的原文是由拉丁文 nimbus 和 stratus 演變而來，nimbus 意思是「雨雲」，而 stratus 意思是「以層覆蓋」（圖 12.17F）。顧名思義，雨層雲是主要會降水的雲之一。雨層雲是在穩定狀態下形成的，我們通常認為雲不會在穩定空氣中成長或持續，然而當空氣被迫上升，例如沿著山脈、鋒面或靠近氣旋中心輻合風場迫使空氣抬升時，這類雲的成長並不稀奇。穩定空氣被迫上升會導致雲發展成一大片雲層，雲的水平範圍會比厚度來得大。

E.高層雲

F.雨層雲

G.積雲

H.積雨雲

直展雲

　　有些雲不適用於這三種依高度來分類的方式,這些雲的雲底在低雲範圍內,卻常常向上延伸至中雲或高雲的高度,這類的雲稱為**直展雲**。這些雲彼此之間都有關連,也都和不穩定空氣有關。雖然積雲通常讓人聯想到好天氣(圖 12.17G),在適當的情況下,它們可能會成長得非常驚人。上升運動一旦引發,雲便加速成長且向上垂直延伸極高,最後通常生成如高塔般的雲,稱為積雨雲,會產生陣雨或雷雨(圖 12.17H)。

　　天氣型態通常會伴隨特定的雲或某些雲類的混合,因此熟悉雲的種類性質和特徵是很重要的。

 霧

　　霧通常被認為是有害的大氣現象,有輕霧時,能見度會降到 2 至 3 公里。然而,有濃霧時,能見度可能只有幾公尺或更少,各種交通往來不僅困難甚至相當危險。能見度必須降到 1 公里或更少,才會正式記錄有霧產生,雖然顯得有點武斷,但對於比較不同地方霧的生成頻率來說,的確能提供客觀的標準。

　　霧的定義為雲底在地面或非常接近地面。霧和雲在物理上並無差別,它們的外觀和結構都一模一樣,主要的差別在於形成的方式和地點。空氣上升而絕熱冷卻會產生雲,大部分的霧則是輻射冷卻或空氣移動經過冷的表面所造成的(上坡霧是例外)。另一種情形則是,當足夠的水氣加入空氣中,便會造成飽和而形成霧(蒸發霧)。

冷卻造成的霧

當地表空氣冷卻至露點以下時，有三種常見的霧會生成，霧通常為這些類型的混合。

平流霧

當溫暖潮溼的空氣經過冷的表面，會生成一層如毯般的霧，稱為平流霧（圖 12.18）。這種霧很常見，美國（甚至可能是全世界）最多霧的地區是華盛頓州的失望角（Cape Disappointment），這個地名可謂實至名歸，因為這裡的測站每年平均有霧的時間長達 2,552 小時（一年有 8,760 小時）。失望角和西岸其他地方的霧，是因為來自太平洋溫暖潮溼的空氣，經過冰冷的加利福尼亞海流，由盛行風吹向岸上的。冬季時，當暖空氣從墨西哥灣吹向中西部和東部寒冷的地面（經常冰雪覆蓋），也常見到平流霧。

圖12.18 平流霧湧入舊金山灣。（Photo by Photodisc/Thinkstock）

輻射霧

在寒冷、晴朗而且無風的夜晚，地表因輻射而迅速冷卻時，便會生成**輻射霧**。入夜之後，近地面一層薄薄的空氣冷卻至露點以下，空氣冷卻後的密度較大，便流進了如袋狀的低漥地區，形成了霧，而最大的袋子是河谷，所以河谷地區經常會有濃霧（圖 12.19）。

雨後天晴也會形成輻射霧，這時近地面空氣接近飽和，只需一點點輻射冷卻就能凝結。這類輻射霧通常發生在日落時分，造成駕駛視線不良。

上坡霧

潮溼的空氣行經略有坡度的平原或坡度較陡的山時，會產生**上坡霧**。空氣因為上升運動而膨脹、絕熱冷卻，如果達到露點，就會形成相當廣大

圖12.19 輻射霧。

2002年11月20日，美國加州聖荷昆谷（San Joaquin Valley）濃霧的衛星雲圖。這場清晨的輻射霧造成當地數起車禍，其中一起有十四輛車撞成一堆。霧東邊的白色區域是冰雪覆蓋的內華達山。

（Photo by NASA）

的一層霧。美國大平原是一個很好的例子，當潮溼的東風或東南風由密西西比河向西吹往洛磯山脈，空氣沿坡度逐漸上升，絕熱降溫大約 12℃。若這股向西吹的空氣溫度和露點溫度相差小於 12℃，就會生成大霧壟罩西部平原。

天氣寒冷時你「看見了呼吸」，代表你正在製造蒸氣霧。
你呼出的潮溼空氣使一小團冷空氣達到飽和，產生微小的水滴。
和多數的蒸氣霧一樣，這些如霧的水滴和周圍的未飽和空氣混合後，
很快就蒸發了。

你知道嗎？

蒸發霧

當空氣主要因為水氣加入而達到飽和，所產生的霧稱為蒸發霧。蒸發霧有兩種：蒸氣霧和鋒面霧（降水霧）。

蒸氣霧

當冷空氣移經暖水面，可能有足夠的水氣從水面蒸發使空氣達到飽和，當水氣上升遇到冷空氣，馬上會再凝結而隨著從底層被加熱的空氣上升。由於看起來很像蒸氣，因此該現象稱為**蒸氣霧**。蒸氣霧常見於秋季或初冬的湖面或河面上，那時水溫還算暖，而空氣則相當冷冽。蒸氣霧通常都淺淺的，因為蒸氣一上升，就會因上方的未飽和空氣而再度蒸發。

鋒面霧或降水霧

發生鋒面舉升時，暖空氣會被抬升至冷空氣之上。如果形成的雲有下雨，且下方的冷空氣接近露點，足夠的雨會蒸發成霧，在這種情況下生成的霧稱為**鋒面霧**或**降水霧**。結果是大約一整層凝結的小水滴，從地面一直延續到雲層。

濃霧發生的頻率隨地點有很大的不同（圖 12.20）。一如預期，沿岸地區發生大霧的頻率最高，特別是有冷洋流的地方，例如美國太平洋地區和新

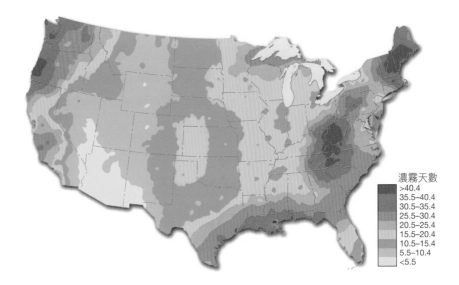

圖12.20　本圖顯示美國每年出現濃霧的平均天數。

發生濃霧的頻率隨地點有很大的不同，沿岸地區特別是太平洋西北地區和新英格蘭地區，因為當地有冷洋流經過，所以經常出現濃霧。

濃霧天數
>40.4
35.5–40.4
30.5–35.4
25.5–30.4
20.5–25.4
15.5–20.4
10.5–15.4
5.5–10.4
<5.5

英格蘭地區沿岸。美國五大湖地區和東部潮溼的阿帕拉契山脈發生大霧的頻率也相當高。相反的，霧在內陸相當少見，特別是在西部的乾燥與半乾燥地區。

 # 降水

　　所有的雲都含有水。但為何有些雲會下雨？而有些只是安靜的在上頭飄來飄去？這個簡單的問題竟讓氣象學家多年來困惑不已。首先，雲滴非常小，直徑平均小於 10 微米（比較一下，人類頭髮的直徑約為 75 微米），因為雲滴很小，所以掉落極為緩慢。而且，雲由數量極為龐大的雲滴組成，所有的雲滴都在搶奪可用的水氣，因此藉由凝結而成長的速率也極為緩慢。那麼，降水是怎麼來的？

◗ 降水如何形成

　　一滴雨滴大到掉落到地面而沒有完全蒸發，所含水分約為一滴雲滴的 1 百萬倍。因此若要產生降水，幾百萬雲滴必須合併成夠大的水滴，才足以撐到降落地面。氣象學家提出兩種機制可解釋這個現象：冰晶過程和碰撞合併過程。

冰晶過程

　　氣象學家發現在中緯度到高緯度地區，降水通常產生於溫度在 0℃ 以下的雲。雖然我們預期雲滴在溫度 0℃ 以下會結冰，但事實上，只有那些接觸到具有特殊結構的固態微粒（稱為冰核）的雲滴，才會真的結冰。其餘的水滴則為過冷（溫度低於 0℃ 而依然是液態）。

　　當冰晶和過冷水滴同時存在於雲中，便即將展開降水過程。由於冰晶聚集水氣的效率，高於液態水，因此冰晶會搶奪水滴的水氣而迅速成長，最後使冰晶大到足以掉落成雪花。在冰晶掉落的過程中，它們會攔截許多過冷雲滴，使其凍結在冰晶上，冰晶因而長得更大。當地面溫度約為 4℃ 或更高時，這些雪花在到達地面之前就會熔化，掉落成雨。

碰撞合併過程

　　含有親水性大凝結核（如鹽粒）的暖雲也可以形成降水，這些大凝結核形成的水滴也相對較大。因為大水滴掉落較快，會和較小的水滴碰撞而結合在一起。經過多次碰撞，水滴便大到可以掉落地面成為雨。

◗ 降水形式

由於大氣狀況隨地點和季節改變甚大，可能產生的降水也有很多種不同形式（表 12.2）。雨和雪是大家最常見也最熟悉的，但其他的降水形式也同樣重要。許多重要的天氣事件經常會出現冰珠、雨淞或冰雹，雖然很少出現且在時間和空間來說都很零星，但這些降水形式（特別是雨淞和冰雹）卻會導致相當程度的損害。

雨和毛毛雨

氣象上，**雨**專指從雲落下的水滴，其直徑至少為 0.5 公釐。雨大多源自雨層雲或高聳的積雨雲，因為這些雲能產生稱為暴雨的劇烈降雨。雨滴很少超過 5 公釐，大的水滴不容易持續，因為表面張力雖能把水滴包住，卻敵不過空氣的摩擦阻力，結果大水滴便紛紛碎裂成小水滴。

直徑小於 0.5 公釐且細小均勻的水滴稱為毛毛雨。毛毛雨的水滴細小到看起來似乎是飄浮在空中，讓人幾乎感覺不到它們的存在。毛毛雨和小雨滴通常生成於層雲或雨層雲，降水可能持續幾個小時，有時甚至好幾天。

雪

雪是指以冰晶（雪花）形式或更常見的是，以冰晶聚集形式的降水。大致上，雪花的大小、形狀和濃度取決於形成時的溫度。

溫度很低時，空氣的水氣含量很少，結果會產生輕而蓬鬆的雪，由單獨的六邊形冰晶組成，這就是滑雪者常說的「粉雪」或「鬆雪」。相反的，若溫度高於零下 5℃，冰晶就會聚集在一起，互相糾結堆積成較大的塊狀冰晶。含有這些混合冰晶的雪花通常比較重，且水氣含量高，很適合用來滾雪球。

表12.2　降水形式

類型	約略大小	狀態	描述
靄或輕霧（mist）	0.005至0.5公釐	液態	當風速為1公尺／秒時，水滴大到臉部能感覺得到。伴隨層雲。
毛毛雨（drizzle）	小於0.5公釐	液態	細小均勻的水滴從層雲落下，通常持續幾個小時。
雨（rain）	0.5至5公釐	液態	通常由雨層雲或積雨雲生成，各地的大雨型態差異頗大。
冰珠（sleet）	0.5至5公釐	固態	雨滴降落經過一層溫度低於0℃的空氣時，會結冰而生成小而圓或不規則的冰粒。因為冰粒很小，即使造成損害也很輕微，但可能造成交通危害。
雨淞（glaze）	一層1公釐至2公分厚	固態	由過冷雨滴接觸固體表面結冰而產生。雨淞有時會形成一層厚冰，其重量足以嚴重損害樹木和電線。
霧淞（rime）	累積量各異	固態	凝華沉積物，通常含有因風吹而呈羽毛狀的冰，這些細緻的霜狀沉積物是當過冷雲滴或霧滴接觸物體表面結冰而生成的。
雪（snow）	1公釐至2公分	固態	雪的結晶性質使其形狀多變，包括六邊形冰晶、片狀和針狀等。雪由過冷雲中的水氣凝華成冰晶而生成，在掉落過程中仍保持結冰狀態。
冰雹（hail）	5公釐至10公分或更大	固態	降水型態為硬硬的一團如球般或不規則的冰塊，生成於大的對流雲或積雨雲中，凍結的冰粒和過冷水同時存在。
霰（graupel）	2至5公釐	固態	有時稱為軟雹，由霧淞聚集在雪的結晶上產生不規則的軟冰物質而形成。因為這些粒子比冰雹軟，通常一壓就會扁掉。

冰珠和雨淞

冰珠是透明或半透明的小冰粒，是冬季才有的現象。要產生冰珠，需有一層溫度高於冰點的空氣，罩在低於冰點的近地面空氣上。當雨滴（通常是熔化的雪）從較暖的空氣掉落，接觸到下方較冷的空氣時，就會結成小冰粒掉到地面，大小就和原來的雨滴一般。

某些情況下，當溫度垂直分布和形成冰珠的條件很類似，但近地面空氣低於冰點的厚度不夠，不足以使雨滴結冰，便會產生冰珠、凍雨或雨淞。然而，雨滴落下經過冷空氣時，的確會變成過冷水，而且一碰到固體表面時就變成冰，結果形成厚厚的一層冰，重量足以壓斷樹枝、壓垮電線，以及造成行人或車輛交通嚴重危害。

冰雹

冰雹是如球般又圓又硬或不規則的冰塊，而且大的冰雹通常有類似同心圓的外殼層層包裹，各層密度和透光度都不盡相同。大部分的冰雹直徑約在 1 公分（如豌豆般大小）到 5 公分（如高爾夫球般大小）之間，有些甚至比橘子還大。重達半公斤以上的冰雹時有所聞，這些很可能是許多顆冰雹冰凍黏結在一起而成。

美國的最大冰雹紀錄發生於 2003 年 6 月 22 日，當時一場劇烈的雷雨重創內布拉斯加州東南部。在奧洛拉（Aurora）這個小城，發現了一顆寬度長達 17.8 公分的冰雹，幾乎和排球一樣大。然而，這顆冰雹的重量並不是最重的，顯然這顆冰雹撞上房子屋簷的排水溝時，撞掉了一部分的雹塊。

1970 年，北美最重的冰雹落在堪薩斯州的科菲維爾（Coffeyville），這顆直徑為 14 公分的冰雹重達 766 克。1987 年，孟加拉曾出現過一顆更重的冰雹，據說造成的死亡人數超過 90 人。據估計，大冰雹撞向地面的速率超過每小時 160 公里。

大家都知道大冰雹的破壞力，尤其是農作物遭毀於一旦的農夫，以及家裡窗戶、屋頂曾經被砸破過的人。在美國，每年因冰雹造成的損害可能高達上億美元。

冰雹只會生成於大的積雨雲中，其上衝流速率有時可達每小時 160 公里，而且可供應豐沛的過冷水（圖 12.21）。冰雹一開始是很小的冰粒，在雲裡掉落的過程中，聚集過冷水滴而成長。如果遇到較強的上衝流，它們可能又會被夾帶上升，然後開始新的掉落歷程，每次經過雲中含過冷水的部分，就會多裹上一層冰。冰雹也可能在唯獨一次的掉落過程中，遇到上衝流而形成。無論是何種方式，這個過程會一直持續直到冰雹遇到下衝流，或長得太大、太重以致於雷雨的上衝流無法支撐其懸浮而掉落。

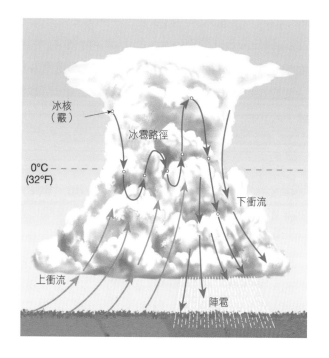

//////////////////////////////////////

圖12.21 冰雹一開始是小冰粒，在雲裡掉落過程中聚集過冷水滴而成長。強烈的上衝流會將冰雹夾帶上升，來回重複多次，每次都會多裹上一層冰，使冰雹愈長愈大，最後冰雹遇到下衝流或大到上衝流無法支撐而掉落。

圖12.22　當過冷霧滴或過冷雲滴接觸物體而結冰，產生的細小冰晶，稱為霧淞。（Photo by iStockphoto/Thinkstock）

霧淞

霧淞是過冷霧滴或雲滴在表面溫度低於冰點的物體上結冰而生成的。當霧淞形成於樹上，會以獨特的羽毛狀冰為樹木做裝飾，相當壯觀而引人矚目（圖 12.22）。像松針這類物體可充當很好的結冰核，使過冷水滴在上面結冰。起風的時候，只有物體的迎風面才會累積成霧淞層。

◗ 測量降水

雨是最常見的降水形式，也是最容易測量的。任何從頭到尾剖面一致的開放容器，都可用來做為雨量計。然而，實際的觀測設備比較複雜，可以準確測量較小的降雨，並減少雨的蒸發。標準雨量計（圖 12.23）集雨口頂端的直徑為 20 公分，一旦接獲雨水，集雨漏斗會把雨水引至一圓柱體的量管，其截面積為集雨漏斗面的十分之一，因此降雨量應為刻度的十倍，可以準確測量到約 0.025 公分。另外，量管的入口較窄，可以把蒸發量減至最低。當雨量小於 0.025 公分，便稱降水為雨跡。

測量誤差

除了標準雨量計之外，還有幾種自記雨量計可用來做定期測量。這些儀器不僅記錄雨量，也會記錄下雨的時間和強度（單位時間的雨量）。

無論是何種雨量計，都要注意擺放的位置是否適當。若斜斜落下的降雨遭建築物、樹木或其他較高的物體擋到而量不到，就會產生誤差。因此，儀器與障礙物的距離，要相當於障礙物的高度。另一個造成誤差的原因是風，當風和亂流增加，就會較難測量到具代表性的雨量。

1英寸降雨

集水漏斗

量管
（面積為漏斗
的十分之一）

刻度

10英寸

2.0

1.5

1.0

0.5

//

圖12.23 降水的測量。
標準雨量計可準確測量降雨至
約0.025公分（0.01英寸），因
為量管的截面積為集水漏斗面
積的十分之一，因此降雨量為刻
度的十倍。

測量降雪

　　一般記錄降雪會測量兩種數值：厚度和水當量。雪的厚度通常用一根校準量尺來量，要準確測量很簡單，但是選擇具代表性的地點卻令人左右為難。即使風很弱或很溫和，雪仍會四處紛飛，通常最好的方法就是在一個遠離樹木和障礙物的開放空間裡，測量多次，然後取其平均。測量水當量時，要把樣本熔化再秤重，或當成雨來測量。

　　一定體積的雪所含的水量並不是常數。當確實的數據無法取得時，通常所用的比例為每 10 單位的雪換算成 1 單位的水，但是雪的實際含水量可能有很大的差異。要產生 1 公分的水，又輕又蓬鬆的乾雪可能要 30 公分，溼雪卻只要 4 公分。

氣象雷達測量降水

　　現代電視的氣象報導中，都會展示許多有用的地圖，例如圖 12.24 可用來說明降水型態。產生這些影像圖的儀器稱為氣象雷達。

　　雷達的發展提供了氣象學家一項重要的工具，可用來探索遠在幾百公里以外的風暴系統。所有的雷達裝置都有一個發射機，可發送出短的無線電波脈衝，根據使用者想要偵測的目標來設定特定的波長。雷達用來監測降水時，所使用的波長為 3 到 10 公分。

　　這些波長可以穿透小的雲滴，但會被大的雨滴、冰晶或冰雹反射回來。反射回來的訊號稱為回波，會被接收並顯示在監視器螢幕上。降水較強時，回波看起來較「亮」，新型的雷達不僅可以測出降水的區域，還可以測出降雨率。圖 12.24 是典型的雷達顯示圖，顏色代表降水的強度。在測定風暴的移動速率和方向時，氣象雷達也是很重要的工具。

///

圖12.24 電視氣象報導中常見的氣象雷達顯示圖。
顏色表示不同的降水強度，注意強烈降水帶由愛荷華州東南部一直延伸到威斯康辛州的密爾瓦基。

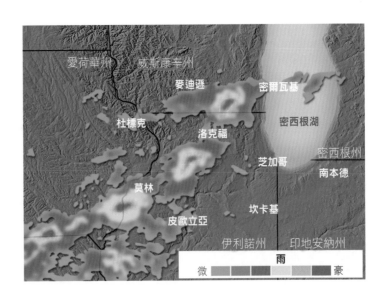

儘管美國紐約州水牛城和羅徹斯特等城市曾發生的湖泊效應雪暴，令人印象深刻，最多積雪的紀錄卻通常發生在美國西部的山脈地區。單季最高紀錄為華盛頓州西雅圖以北的貝克山滑雪場，在 1998 到 1999 年的冬季創下 2,896 公分的降雪紀錄。

■ 水氣是無味、無色的氣體，可以在近地表的溫度和氣壓下改變狀態（固態、液態、氣態）。與水的狀態改變有關的過程有蒸發、凝結、熔化、凝固（凍結）、昇華和凝華。每次狀態改變都會吸收或釋放潛熱。

■ 溼度是用來表示空氣中水氣量的常用詞，溼度的定量表示方式包括（a）混合比：單位空氣中的水氣和剩餘乾空氣的質量比。（b）水氣壓：水氣量造成的壓力在總大氣壓力中所占的部分。（c）相對溼度：空氣實際水氣量與該溫度的飽和水氣量之比。（d）露點溫度：氣塊冷卻至飽和時所需的溫度。空氣飽和時，其水氣造成的壓力稱為飽和水氣壓，此時離開水面和回到水面的水分子達到平衡。因為飽和水氣壓和溫度相關，因此溫度愈高，便需要更多的水氣才能達到飽和。

■ 改變相對溼度有兩種方式：一是增加或減少水氣，二是改變氣溫。空氣冷卻時，相對溼度會增加。

■ 雲的基本形成過程就是空氣上升冷卻。冷卻是因為壓力隨高度增加而逐漸減少，造成的膨脹冷卻。空氣壓縮或膨脹造成氣溫改變，稱為絕熱溫度變化。未飽和空氣壓縮增溫、膨脹冷卻，約以每 1 千公尺增、減 10°C 的常數改變，稱為乾絕熱率。如果空氣上升夠高，會冷卻到足以凝結，因而形成雲。從此之後，空氣繼續以每 1 千公尺下降 5°C 到 9°C 的溼絕熱率上升。兩者的差別是因為水氣凝結會釋放潛熱，因此減緩空氣上升的冷卻速率。

■ 引發空氣垂直運動的四種機制為：（a）地形舉升：空氣流動遇到地形升高（如山脈），會舉升越過屏障；（b）鋒面舉升：較暖且密度較小的空氣抬升至如同屏障的冷空氣之上；（c）輻合：幾股空氣流動匯集在一起，造成空氣向上運動。（d）局部對流舉升：地面加熱不均，導致局部空氣塊因本身浮力而上升。

■ 空氣穩定度取決於大氣不同高度的溫度。當環境直減率（對流層隨高度增加的溫度遞減率）大於乾絕熱率，稱為不穩定。換句話說，當氣塊底層溫度比上層溫度明顯高很多（底層密度較小）時，便稱空氣為不穩定。當穩定空氣被迫舉升，如果有降水也不多，而不穩定空氣則會產生高聳的雲和劇烈的天氣狀況。

■ 空氣需達飽和才會凝結。要達到飽和，空氣要冷卻至露點溫度（這是較常見的狀況），或把水氣加入空氣中，還要有表面讓水氣可在上面凝結，雲和霧的形成便需要微小的粒子充當凝結核。

■ 雲可依據其外觀和高度來分類。三種基本型態的雲為卷雲（高、白、薄、細纖維狀）、積雲（一團一團各自獨立的雲體）和層雲（一大片雲占據整個或大半天空）。根據高度可分類為四種：高雲（雲底一般高於 6 千公尺）、中雲（介於 2 千至 6 千公尺）、低雲（低於 2 千公尺）和直展雲。

■ 霧可說是雲底在地面或接近地面的雲。當空氣冷卻至露點以下，或將足夠的水氣加入空氣中使其飽和，便會形成霧。霧的不同形式包括平流霧、輻射霧、上坡霧、蒸氣霧和鋒面霧（或降水霧）。

■ 若要產生降水，數以百萬計的雲滴必須合併成大水滴才行。有兩種機制可解釋降水如何形成：首先，若雲裡的溫度低於冰點，就會形成冰晶而掉落成雪花。雪花在較低高度會熔化，於到達地面前變成雨滴。再者，若暖雲中含有較大的吸水核（如海鹽顆粒），則會形成較大的水滴。當這些大水滴掉落時，會和較小的水滴碰撞而結合，幾次碰撞後，水滴便大到足以落到地面成為雨。

■ 降水形式包括雨、雪、冰珠、凍雨（雨淞）、冰雹和霧淞。

■ 雨是最常見的降水形式，或許也是最容易測量的。標準雨量計為常用的儀器，可直接讀取雨量數值，有幾種自記雨量計也常用來記錄雨量和強度。最常見的兩種降雪測量為雪的厚度和水當量。雖然一定體積的雪所含的水量並非常數，當確實數據無法取得時，一般會以 10 單位的雪換算成 1 單位的水。

關鍵名詞解釋

上坡霧 upslope fog 空氣沿山坡舉升、絕熱冷卻所產生的霧。

不穩定空氣 unstable air 空氣不抗拒垂直運動。若空氣舉升，其溫度降低的速率不如周圍環境降溫那麼快，空氣便會繼續上升。

中雲 middle clouds 高度在 2,000 至 6,000 公尺之間的雲。

凝華 deposition 水氣未經液態、直接轉變成固體的過程。

水氣壓 vapor pressure 水氣量造成的壓力在總大氣壓力中所占的部分。

卡 calorie 氣象學家測量熱的單位。1 卡是指 1 克水升高 1℃所需的熱量。

平流霧 advection fog 溫暖、潮溼的空氣吹過冷的表面所形成的霧。

冰珠 sleet 凍結或半凍結的雨，為雨滴通過一層冷空氣時結冰而形成的。

冰雹 hail 幾乎成圓形的小冰塊，由水凝結成一層層同心圓般包裹而成。

地形舉升 orographic lifting 山脈對氣流形成障礙，迫使空氣抬升。空氣上升絕熱冷卻，可能會造成雲和降水。

低雲 low clouds 形成於 2,000 公尺以下的雲。

鋒面舉升 frontal wedging 冷空氣如同一層障礙物，使較暖、密度較小的空氣向上抬升。

吸水核 hygroscopic nuclei 高度親水的凝結核，如鹽粒。

局部對流舉升 localized convective lifting 地面加熱不均導致局部空氣塊（熱流）因本身浮力而上升。

卷雲 cirrus　三種基本雲類之一，也是三種高雲其中的一種。為薄而細緻的冰晶雲，看起來像紗狀布幔或細長的纖維。

昇華 sublimation　固體不經液態、直接轉變成氣體。

直展雲 clouds of vertical development　雲底在低雲範圍內，卻常常向上延伸至中雲或高雲高度的雲。

雨 rain　從雲落下的水滴，其直徑至少為 0.5 公釐。

雨淞 glaze　過冷雨接觸物體表面，凝結成的一層冰。

雨蔭沙漠 rainshadow desert　山背風面的乾燥區域，許多中緯度的沙漠都是這種類型。

相對溼度 relative humidity　空氣水氣量與該溫度的飽和水氣量之比。

降水霧 precipitation fog　雨掉落經過一層冷空氣（接近露點），因雨蒸發而形成的霧。

凍雨 freezing rain　過冷雨接觸物體表面，凝結成的一層冰。

氣塊 parcel　想像包裹在一層薄塑膠套裡的一團空氣。一般體積約為幾百立方公尺，假設其獨立於周圍空氣，可自由活動。

高雲 high clouds　雲底高度通常超過 6,000 公尺的雲，雲底在冬季及高緯度地區可能較低一些。

乾絕熱率 dry adiabatic rate　未飽和空氣的絕熱冷卻或增溫率。溫度的變化率為 $1°C$ /100 公尺。

條件不穩度 conditional instability　溼空氣的環境直減率介於乾絕熱率與溼絕熱率之間。

混合比 mixing ratio　單位空氣中的水氣和剩餘乾空氣的質量比。

雪 snow　水氣凝華所產生的固態降水形式。

絕對不穩度 absolute instability　空氣的環境直減率大於乾絕熱率（ $1°C$ /100 公尺）。

絕對穩度 absolute stability　空氣的環境直減率小於溼絕熱率。

絕熱溫度變化 adiabatic temperature change　空氣因膨脹或壓縮而冷卻或增溫，並非因減熱或加熱。

雲 cloud　一種凝結形態，為大量懸浮的水滴或微小冰晶。

溼度 humidity　表示空氣中水氣量的常用詞，但並非指霧、雲或雨之類的水滴。

溼度計 hygrometer　測量相對溼度的儀器。

溼絕熱率 wet adiabatic rate　在飽和空氣中，絕熱溫度變化率的改變。溼絕熱率會變動，但永遠小於乾絕熱率。

飽和 saturation　在一定溫度及壓力下，空氣所能容納的最多水氣量。

蒸氣霧 steam fog　看起來很像蒸氣的霧，因暖水面蒸發的水氣進入上方的冷空氣而產生。

蒸發 evaporation　液態轉變成氣態的過程。

層雲 stratus　三種基本雲類之一，也是低雲的一種，為一大片或一大層雲遮蔽大半個天空。

潛熱 latent heat　物體狀態改變時所吸收或釋放出的能量。

鋒面 front　具有不同特性的兩個氣團之間的交界。

鋒面霧 frontal fog　見「降水霧」。

凝結 condensation　氣態轉變成液態的過程。

凝結核 condensation nuclei　微小的顆粒物質，水氣可以在其表面上凝結。

積雲 cumulus　三種基本雲類之一，也是直展雲的一種，為一團一團各自獨立的雲，通常底部扁平。

輻合 convergence　某區域風的分布造成水平方向空氣流入該區。由於低層輻合伴隨空氣垂直向上運動，因此具有輻合風場的區域便容易形成雲和降水。

輻射霧 radiation fog　因地表輻射冷卻而形成的霧。

穩定空氣 stable air　空氣抗拒垂直運動。若這個空氣舉升，絕熱冷卻會使其溫度變
　　得比周圍環境低，在適當條件下便會下沉至原來的地方。

霧 fog　雲底在地面或非常接近地面的雲。

霧淞 rime　過冷霧滴在物體表面上形成的一層薄冰。

露點溫度 dew-point temperature　空氣冷卻至飽和時所需的溫度。

1. 簡述水的三態變化過程，並說明各是吸熱還是放熱。

2. 詳閱表 12.1，請歸納出溫度和空氣中所含水氣量的關係。

3. 相對溼度和混合比有何差別？

4. 參考圖 12.4，回答下列問題：

　　a. 平常一天中相對溼度何時最高？何時最低？

　　b. 一天中何時最可能產生露水？

5. 如果氣溫維持不變，而混合比變小，則相對溼度會如何改變？

6. 在寒冷的冬天，氣溫為零下 10℃，相對溼度為 50％，則混合比是多少（請參考表 12.1）？若氣溫為 20℃，相對溼度為 50％，混合比是多少？

7. 解釋手搖乾溼計的原理。

8. 在溫暖炎熱的夏天，若相度溼度很高，感覺似乎比溫度計量到的溫度還熱。為何我們在這種悶熱天會覺得不舒服？

9. 空氣在大氣中上升，為何會冷卻？

10. 解釋環境直減率和絕熱冷卻的差別。

11. 如果 23℃ 的未飽和空氣上升，到五百公尺高時溫度會變成幾度？如果凝結層的露點溫度為 13℃，雲會在什麼高度開始形成？

12. 為何開始凝結後，絕熱冷卻率會改變？為何溼絕熱率不是定值？

13. 地形舉升和鋒面舉升如何使空氣上升？

14. 解釋為何美國西部的大盆地地區會如此乾燥。這種情形可用什麼名詞來形容？

15. 穩定空氣和不穩定空氣有何不同？說明在這兩種情形下，預期各會產生什麼樣的雲和降水。

16. 凝結核在雲的形成過程中有何作用？露點的作用又是什麼？

17. 當你在熱天喝冷飲時，瓶子或玻璃的外部會變溼。為什麼呢？

18. 雲的分類依據是什麼？

19. 為何高雲通常都很薄？

20. 請列出五種霧的形式，並詳細說明其形成過程。

21. 降水和凝結有何不同？

22. 請列出降水的形式，以及在何種情況下形成。

23. 有時當雨較小時，其雨量稱為雨跡，此時的雨量是多少？

閱讀筆記

閱讀筆記

閱讀筆記

閱讀筆記

閱讀筆記

閱讀筆記

國家圖書館出版品預行編目(CIP)資料

觀念地球科學3 : 海洋‧大氣 / 呂特根(Frederick K. Lutgens),
塔布克(Edward J. Tarbuck)著 ; 塔沙(Dennis Tasa)繪圖 ; 黃靜雅、
蔡菁芳譯. --第二版. -- 臺北市 : 遠見天下文化, 2018.06
　　面 ;　　公分. -- (科學天地 ; 509)
譯自 : Foundations of earth science, 6th ed.
ISBN 978-986-479-503-1 (平裝)

1.地球科學

350　　　　　　　　　　　　　　　　　107009871

科學天地509

觀念地球科學 3
海洋・大氣
FOUNDATIONS OF EARTH SCIENCE, 6th Edition

原著／呂特根、塔布克、塔沙
譯者／黃靜雅、蔡菁芳
科學天地顧問群／林和、牟中原、李國偉、周成功

總編輯／吳佩穎
編輯顧問／林榮崧
責任編輯／畢馨云、林文珠
封面設計／江儀玲
美術編輯／江儀玲、邱意惠

出版者／遠見天下文化出版股份有限公司
創辦人／高希均、王力行
遠見・天下文化・事業群 董事長／高希均
事業群發行人／CEO／王力行
天下文化社長／林天來
天下文化總經理／林芳燕
國際事務開發部兼版權中心總監／潘欣
法律顧問／理律法律事務所陳長文律師
著作權顧問／魏啟翔律師
社址／台北市104松江路93巷1號2樓
讀者服務專線／（02）2662-0012
傳真／（02）2662-0007 2662-0009
電子信箱／cwpc@cwgv.com.tw
直接郵撥帳號／1326703-6號 天下遠見出版股份有限公司
電腦排版／極翔企業有限公司
製版廠／東豪印刷事業有限公司
印刷廠／立龍藝術印刷股份有限公司
裝訂廠／台興印刷裝訂股份有限公司
登記證／局版台業字第2517號
總經銷／大和書報圖書股份有限公司　電話／（02）8990-2588
出版日期／2022年02月22日第二版第3次印行

定價500元　　書號BWS509　　ISBN：978-986-479-503-1

天下文化官網 bookzone.cwgv.com.tw